Nano-Süßwasseraquarien

Barbara Klingbeil

NTV
Süßwasseraquaristik

Bildnachweis
Titelbild: *Caridina* cf. *cantonensis* var. „Tiger Blue“ Foto: B. Kahl
Nano-Aquarium Foto: D. Knop
Schwarm *Boraras* cf. *micros* Foto: F. Wang

Fotos ohne Quellenangabe von der Autorin

Die in diesem Buch enthaltenen Angaben, Ergebnisse, Dosierungsanleitungen etc. wurden von der Autorin nach bestem Wissen erstellt und sorgfältig überprüft. Da inhaltliche Fehler trotzdem nicht völlig auszuschließen sind, erfolgen diese Angaben ohne jegliche Verpflichtung des Verlages oder der Autorin. Beide übernehmen daher keine Haftung für etwaige inhaltliche Unrichtigkeiten.

ISBN: 978-3-86659-088-5

An der Kleimannbrücke 39/41
48157 Münster
www.ms-verlag.de
Geschäftsführung: Matthias Schmidt
Lektorat: Kriton Kunz & Hans-Georg Evers
Layout: Tanja Denker
Druck: Alföldi, Debrecen

Inhalt

Die geringe Größe des Perlhuhnbärblings und seine Farbenpracht machten ihn kurze Zeit nach seiner Entdeckung zu einem beliebten Aquarienpflegling.
Foto: H.-G. Evers

Vorwort

Dieses Buch richtet sich an alle Nano-Aquarianer und solche, die es werden möchten. Viele betrachten die Pflege eines Mini-Aquariums als arbeitsintensives Hobby. In diesem Buch möchte ich Ihnen das Gegenteil beweisen. Durch Literaturrecherche und anhand meines eigenen Erfahrungsschatzes habe ich „up to date" alles Wissenswerte sowie viele Tipps und Tricks zusammengestellt, die es Ihnen ermöglichen, mit viel Freude ein Nano- oder Kleinstaquarium einzurichten und es mit wenig Aufwand erfolgreich zu pflegen.

Weniger ist meistens mehr! Das bedeutet für die Aquaristik: Je weniger Tierarten und Individuen man in ein Aquarium einsetzt, desto besser kann man individuelle Lebensräume und damit stabile Umweltbedingungen bieten. Häufig handelt es sich bei Nano-Aquarien um sogenannte Artenbecken, die also der Pflege nur einer Tierart dienen. Ein solches Becken kann schnell zu einem Zuchtaquarium „mutieren", denn die darin gehaltenen Lebewesen fühlen sich unter den für sie optimalen Umweltbedingungen sehr wohl und vermehren sich bald. Vorteilhaft für ein solches Artenbecken ist, dass der Nachwuchs nicht in ein Aufzuchtgefäß oder ein anderes Aufzuchtbecken umgesetzt werden muss, weil ihm keine räuberischen anderen Arten nachstellen.

In diesem Buch werden Sie die Zusammenhänge zwischen den Tieren, den Pflanzen, der Wasserchemie, der Technik und den Dekorationsmaterialien in einer Nano-Welt erfahren. Wasserchemie … Jeder hat in der Schule mal einen Lackmusstreifen in eine Flüssigkeit gehalten, und er hat sich entweder rot oder blau verfärbt. Dieser Test gab Ausschluss über den Säure- bzw. Basengehalt. Dass im Laufe der Zeit solche Dinge bewusst oder unbewusst verdrängt werden – das kenne ich aus eigener Erfahrung. Darum möchte ich Ihnen die Grundlagen vermitteln bzw. in Ihr Gedächtnis zurückrufen. Denn dieses Buch soll Ihnen viel Freude und kein Kopfzerbrechen bereiten.

Übrigens, für alle, die im Moment auf dem Wellness-Trip sind: Mit der Einrichtung eines Aquariums schaffen Sie einen Ruhepol bei sich zu Hause oder am Arbeitsplatz, der es Ihnen erlaubt, im alltäglichen Stress die schönen Dinge des Lebens zu betrachten und für einen kurzen Moment zu träumen! In Asien werden schon seit langem Tiere und Pflanzen in Naturaquarien vergesellschaftet, ein Trend, der jetzt auch Einzug in unsere Kleinst-Aquarien hält. Benannt nach dem Begründer solcher Becken, Takashi Amano, waren sicher die Amano-Garnelen die ersten gezielt gepflegten Kleinsttiere in unseren Aquarien. Es folgten vor einigen Jahren weitere Zwerggarnelen der Gattungen *Caridina* und *Neocaridina*, und die Geschichte der Nano-Aquaristik nahm ihren Lauf. Auch die Vielfalt an im Handel erhältlichen kleinwüchsigen Pflanzen lässt das Herz jedes Nano-Aquarianers höher schlagen. Jahrzehntelang war das Javamoos (*Taxiphyllum barbieri*) die einzige Art, die als Kleinstpflanze zur Abwechslung in ein Aquarium gegeben wurde – heute sind viele unterschiedliche Moosarten und andere kleinwüchsige Vordergrundpflanzen zu bekommen.

Im Hobby Nano-Aquaristik nehmen Sie Abstand von riesigem technischen Equipment inklusive Kabelgewirr, vielfachen Anschlüssen und dicken Schläuchen. Sie legen Wert auf Ästhetik, und Ihr Mini-Aquarium wird zu einem Schmuckstück im Raum. In unserer globalen Denkweise und stetigen Reizüberflutung kann Ihnen ein Nano-Aquarium die kleinen Dinge des Lebens zeigen, die letztendlich das Gesamte ausmachen. Lesen Sie also mit Spannung, welch wunderschönen Nano-Lebensraum Sie in einem Glasbecken gestalten können! Lassen Sie sich inspirieren von der Individualität der kleinen Lebewesen. Ich wünsche Ihnen viel Freude mit diesem Buch!

Richten Sie sich Ihr individuelles Nano-Aquarium ein.
Foto: H.-G. Evers

Barbara Klingbeil
Haltern am See, im Herbst 2009

Klein, aber fein

Was im Großen funktioniert, geht auch im Kleinen! Nano ist im Trend: Es gibt Nano-Autos, Nano-Oberflächen, Nano-Technologie ... Alles ist mini. Und da sich das mit unseren Geldbeuteln nicht anders anfühlt, möchte ich Ihnen in diesem Buch ein Hobby vorstellen, das in letzter Zeit einen enormen Zulauf von erfahrenen Aquarianern erleben durfte. Die Nano-Aquaristik ist zwar zurzeit in aller Munde und wird populär durch das Angebot an Kleinstlebewesen im Zoofachhandel, allerdings ist diese Form der Aquaristik nicht neu, da sie langjährige Aquarianer schon lange Zeit mit ihren Aufzuchtbecken betreiben. Ein wesentlicher Unterschied, der sich in der heutigen Nano-Aquaristik zeigt, ist jedoch die liebevolle und artgerechte Gestaltung des winzigen Unterwasserraumes für die dauerhafte Haltung verschiedener Kleinsttiere. Wir verzichten auf das 100 cm lange Aquarium, sparen Strom und Wasser und schaffen uns eine Nano-Welt, die sich jeder leisten kann.

Wie Sie mit einem Nano-Aquarium sparen können
Kostenvergleich eines Nano-Aquariums von 20 l Inhalt mit einem 200-l-Tropenaquarium

20-l-Nano-Aquarium		**200-l-Tropenaquarium**	
Luftbetriebener Innenfilter	2 Watt	Außenfilter	13 Watt
Stabheizer	25 Watt	Stabheizer	150 Watt
Bodenheizung	8 Watt	Bodenheizung	25 Watt
Leuchtstoffröhre	11 Watt	Leuchtstoffröhre	60 Watt
Wasserverbrauch/Jahr (wöchentlicher Teilwasserwechsel)	52 x 7 l = 364 l	Wasserverbrauch/Jahr (14-tägiger Teilwasserwechsel)	26 x 70 l = 1.820 l
Summe	**46 Watt Energieaufnahme 364 l Wasser**	**Summe**	**248 Watt Energieaufnahme 1.820 l Wasser**

Der Mini-Kosmos nimmt nur einen kleinen Ort in einem Ihrer Wohnräume in Anspruch und ermöglicht somit eine Flexibilität in der Standortwahl, die Sie mit einem großen Aquarium inklusive Unterschrank nicht besitzen. Jedes Mini- oder Nano-Aquarium ist einzigartig, und wir zahlen gerne etwas höhere Preise für wenige seltene Fische oder beschäftigen uns mit den Wirbellosen. Die Tiere, die ich Ihnen im hinteren Teil des Buches vorstelle, kommen in der Natur in sehr kleinen Lebensräumen vor – ihr „Wohnzimmer" ist ein Wasserloch, ein Straßengraben oder der Sumpf, und sie bevorzugen diese Umgebung. Diese Fische, Schnecken oder Garnelen in einem großen Aquarium zu halten, wäre oft nicht oder nur sehr bedingt artgerecht!

Während meiner Recherchen für dieses Buch bin ich häufig über die Aussage gestolpert: „Nano-Aquaristik ist nur etwas für professionelle Aquarianer." Gebt den Einsteigern doch wenigstens eine Chance! Dieses Buch habe ich

Dieser kleine Bärbling, eine *Boraras*-Art, ist ein Minifisch für ein Nano-Aquarium, der eine Endgröße von 3 cm erreichen kann.
Foto: B. Kahl

nicht nur für erfahrene Aquarianer geschrieben, die Nano-Becken pflegen möchten, sondern auch und gerade für die Einsteiger, die völliges Neuland betreten. Deswegen fange ich vorne an: mit der Auswahl des Standortes über den Bodengrund, die Technik und das Wasser bis hin zu Besatzbeispielen für Ihr Nano-Aquarium. In einem Punkt sind wir uns einig: Ohne Anleitung würde ich keinem Neueinsteiger ein Nano-Aquarium empfehlen! Aber auch kein Mega-Aquarium! Vielleicht ist Ihnen als professioneller Aquarianer die Pflege der „Altbekannten" auch zu langweilig geworden und Sie möchten mit der Miniform neue Dinge erkunden.

Das Verhalten und die Sozialstruktur der gepflegten Tiere sowie die notwendigen Umweltbedingungen für die Pfleglinge im Mini-Kosmos bestimmen die Einrichtung und natürlich auch die Größe eines Kleinst-Aquariums. Klein bleibende Fische, auch liebevoll als Minifische bezeichnet, werden in der Natur ständig von Fressfeinden bedroht und leben in winzigen Habitaten wie Pfützen oder unter nassem Laub und finden, besser als in jedem großen Aquarium, dort genügend Futter. Daher sind diese kleinen Arten auch für Nano-Aquarien geeignet. Setzen sie niemals großwüchsige oder sehr schwimmfreudige Lebewesen in ein kleines Glasbecken! Sie haben sicher einmal folgende Behauptung gehört: „Fische passen sich der Aquariengröße an!" Das ist Unsinn, denn das Wachstum ist weitgehend genetisch bestimmt, und die Wachstumshemmung verschiedener großer Fischarten in kleinen Aquarien resultiert aus schlechter Wasserqualität und Mangelernährung. Garnelen und Krebse nehmen bei ihren lebenslangen Häutungen immer an Größe zu, selbst wenn sie

Die Intensität der Farben ist ein Punkt bei der Auswahl von Zuchttieren wie bei dieser Crystal-Red-Garnele (*Caridina* cf. *cantonensis*). Je mehr Weiß, desto begehrter ist das Tier.
Foto: H.-G. Evers

bereits geschlechtsreif sind. Kleine Fischarten und auch Wirbellose, die man bedenkenlos in ein Nano-Aquarium einsetzen kann, gehören zum Standardsortiment des Zoofachhandels.

Ob Kleinst-, Mini- oder Nano-Aquarium, wir bewegen uns immer in einem winzigen Kosmos. Vergleichen wir die 3, 10, 20, 30 oder sogar 60 l Wasser in einem kleinen Glasbecken mit dem Gesamtwasservolumen der Erde, wird einem schnell klar, dass man sich hier über die Begrifflichkeiten keine Sorgen mehr machen muss: Es existieren ca. 48 Mio. Kubikkilometer Süßwasser auf der Erde. Ich möchte daher die Begriffe „klein", „mini" und „nano" nicht differenzieren. Die 54- und auch die 60-l-Aquarien zählen zu dieser Kategorie, weil schon dieses Wasservolumen gering ist und Sie nur einige wenige Tierarten in ein solches Glasbecken einsetzen können. Wie schaut denn aber nun der Besatz eines Nano-Süßwasseraquariums aus? Hier ein paar Beispiele:

Haben Sie in der Verkaufsanlage eines Zoofachgeschäftes schon einmal die emsigen Garnelen „Crystal Red" (*Caridina* cf. *cantonensis* var. „Crystal Red") beobachtet? Diese Tierchen sind den ganzen Tag auf Futtersuche und finden Kleinstlebewesen und Algen in dem Wirrwarr kleiner Fäden einer Mooskugel! Wie schnell rennt eine Zebra-Rennschnecke? Überzeugen Sie sich selbst davon und beobachten Sie, wie das Tier mit der sogenannten Radula kleinste Algen von der Scheibe raspelt. Der in Fachkreisen CPO (*Cambarellus patzcuarensis* orange) genannte Krebs, auch als Orangefarbener Zwergflusskrebs bekannt und ursprünglich in Mexiko beheimatet, zeigt uns auf beeindruckende Weise, dass auch Krebse anderen Mitbewohnern gegenüber tolerant sein können. Vielleicht möchten Sie Ihren Tieren sogar Namen geben. Der Krebs heißt Charlie, die Schnecke ist Wendy, Max und Klärchen werden die Killifische genannt – auf diese Weise erhalten die kleinen Lebewesen eine

Persönlichkeit, man bindet sie automatisch in den Alltag ein und pflegt sie regelmäßig. Denn das ist das A und O nicht nur in der Mega-Aquaristik, sondern es ist noch wichtiger in der Kleinst-Aquaristik. Kümmern Sie sich regelmäßig um Ihren „Schatz" – damit meine ich das Nano-Aquarium mit seinen Lebewesen. Führen Sie Tagebuch über den Pflegeaufwand, getestete Wasserwerte und die Verhaltensweisen Ihrer Tiere.

Der Standort

Vielleicht haben auch Sie nach diesem Buch über Nano-Süßwasseraquarien gegriffen, weil Sie einen kleinen Platz in Ihrer Wohnung mit einem Stück Natur auskleiden möchten. Ob es der Schreibtisch im Arbeitszimmer, die Küchentheke, der Raumteiler im Wohnzimmer oder die Kommode im Kinderzimmer ist, hier können Sie einen geeigneten Ort für das gute Stück finden. Dennoch sind zuvor einige wenige Dinge zu überlegen, damit Ihnen die regelmäßigen Pflegemaßnahmen Ihres Nano-Aquariums nicht erschwert werden.

Die erfahrenen Makro- und Mega-Aquarianer unter Ihnen wissen hier gut Bescheid und werden die folgenden Ausführungen sicher bestätigen. „Da ist doch so ein schöner Platz auf der Fensterbank frei." - „Ja, richtig, der ist aber für Omas Blumenvase reserviert und nicht für mein Aquarium." Hier hat der angehende Nano-Aquarianer natürlich Recht. In das Aquarium einfallendes Sonnenlicht könnte das Algenwachstum fördern, und die Temperaturen würden sehr schnell auf für die Bewohner tödliche Werte steigen. Algen werden immer gleich als Problem dargestellt, obwohl sie doch sicher zum kleinen

Das Nano-Aquarium ist eine Augenweide auf dem Schreibtisch.
Foto: C. Logemann

Ökosystem dazugehören. In Maßen sollte jeder Aquarianer Algen akzeptieren. Wenn sie sich allerdings nicht mehr in die Unterwasserwelt einfügen, sondern den kleinen Lebensraum überwältigen und sämtlichen Pflanzen die Nährstoffe und damit das Leben rauben, sind sie eine Plage. Jeglicher starke Algenbefall im Aquarium ist störend, ja, kann sogar die Schönheit der kleinen Unterwasserwelt untergraben – daher sollten Sie vorbeugen! Suchen Sie einen dunklen Standort im Raum, vermeiden Sie direktes Sonnenlicht.

Suchen Sie einen guten Standort für das Aquarium aus, damit sich Tiere und Pflanzen in der Nano-Welt optimal entfalten können.

An diesem Punkt möchte ich über eine Erfahrung berichten, die ich selbst mit einem meiner 60-l-Süßwasser-Aquarien gemacht habe: Als Standort des besagten Aquariums wählte ich eine Wand gegenüber einem Südfenster. Zugegeben, es ist nicht der ideale Standort, aber sonst war eben kein Platz frei. Das Aquarium hatte ich im Herbst eingerichtet und mit Zebra-Rennschnecken besetzt. Es handelte sich um ein Komplettset mit Innenfilter, Heizstab und Beleuchtung mit einer 11-Watt-Kompaktleuchtstofflampe (CF-S). Das Glasbecken ohne Abdeckung bepflanzte ich sehr üppig mit dem Papageienblatt (*Alternanthera reineckii* „Bronze“) im mittleren Bereich und mit Wasserpest (*Egeria densa*) im Hintergrund.

Gerade das Papageienblatt benötigt eine sehr intensive Beleuchtung. Damit war die Pflanze durch die einfache, viel zu hoch angebrachte Leuchtstofflampe mit einer Farbtemperatur von 2.800 Kelvin eigentlich zum Tode verurteilt. Die Pflanzen gediehen aber alle prächtig. Die Wasserpest, die ich unten in den Bodengrund eingesetzt hatte, kräuselte sich bald an der Wasseroberfläche, und das Papageienblatt schoss über die Grenze hinaus und ragte in die Luft. Am Nachmittag wurde das Aquarium nämlich nicht nur von oben über die Leuchtstofflampe beleuchtet, sondern auch von vorne durch das natürliche Sonnenlicht, und dieses bot den Pflanzen beste Wachstumsbedingungen. Dann kam der Sommer. Durch die intensive Einstrahlung des Sonnenlichts von vorne erwärmte sich das Aquarium zeitweise auf über 28 °C. Für das Papageienblatt und die Wasserpest, die auch in unseren Breitengraden wächst, waren diese Temperaturen nicht auszuhalten. Die Pflanzen wuchsen nicht mehr, und die Fadenalgen beherrschten nach kurzer Zeit den Lebensraum. Sie entzogen dem Wasser überschüssige Nährstoffe wie Nitrat und Phosphat, die die Pflanzen nicht mehr aufnehmen konnten. Als zusätzliche Pflegemaßnahme hätte tägliche Kaltwasserzufuhr sicher das Algenwachstum gebremst, aber ist das wirklich praktikabel? Deshalb: Suchen Sie sich eine dunkle Ecke im Raum, sodass kein direktes Sonnenlicht einfällt! Schließen wir also die Fensterbank als Platz für unser Aquarium aus, denn auch ein Heizkörper darunter könnte während der Heizperiode im Winter die Temperaturen enorm erhöhen, sodass die Tiere und Pflanzen in unserem Nano-Aquarium gefährdet wären.

Ihr Aquarium soll Sie beruhigen? Es dient Ihrer Entspannung? Dann brauchen auch die Lebewesen hinter Glas eine stressfreie Zone! Vermeiden Sie stark frequentierte Durchgänge und den Platz neben der Tür, denn sonst könnten sich Ihre Tiere gestört fühlen und untypisches Verhalten zeigen. Stress ist auch uns Menschen nicht unbekannt und führt, wenn wir uns nicht ab und zu eine Auszeit gönnen, zur Überlastung des Herz-Kreislaufsystems sowie zur Schwächung unserer Immunabwehr.

Stress vermeiden

Äußerst stressempfindliche Fische für das Nano-Aquarium sind z. B. Perlhuhnbärblinge (*Danio margaritatus*). Die Tiere benötigen viele Versteckmöglichkeiten durch Pflanzen, da sie sehr schreckhaft sind. Für einen Schwarm dieser Fische sollte das Nano-Aquarium eine Rückwand besitzen, die verhindert, dass das Glasbecken von allen Seiten einsehbar ist. Viele Wirbellose wie Garnelen und Schnecken sind weniger empfindlich, Krebse benötigen ihre Stein- oder Ton-Höhlen.

Die Tiere in unserer Mini-Welt sind von den Umweltbedingungen im Aquarium, also den Wasserwerten, der Temperatur, den Pflanzen, dem übrigen Tierbesatz und dem gebotenen Futter abhängig. Das Wohlbefinden, soweit wir es bei Tieren überhaupt einschätzen können, resultiert aus unserer Fürsorge und Pflege. Der Standort für das Aquarium sollte daher ruhig sein – ähnlich wie der Ihres Sofas im Wohnzimmer. Die elektrischen Geräte, hierzu zählen Filter, eine Lichtquelle und ein Heizstab, benötigen Strom. Der kommt bekanntlich aus der Steckdose, deswegen sollten die Stromanschlüsse in der Nähe sein.

Stellen Sie Ihr Kleinst-Aquarium auf einen ebenen, stabilen Untergrund! Mit unseren größten Mini-Aquarien bis 60 l können wir mitsamt dem Kies, der Wassermenge und dem übrigen Interieur ein Endgewicht von 90 kg erreichen. Hierfür sollten Sie einen stabilen Standort wählen. „Wie sieht es denn mit dem Regal an der Wand aus? Wir schieben die Bücher ein wenig zur Seite, und dann ..." Nein, lieber nicht, denn ein solches Regal vermag das Gewicht eines größeren Beckens meist nicht zu tragen. Prüfen Sie den waagerechten Stand Ihres Aquariums mit der Wasserwaage. Sie sollten sich außerdem von Anfang an mit Ihren Familienmitgliedern absprechen. Ein Hin- und Herschieben des Nano-Lebensraumes mit resultierenden Flutwellen im Aquarium führt zum „Unwohlsein" aller Lebewesen.

Sie kennen ihn jetzt, Ihren Lieblingsplatz? Nun geht es an die Auswahl Ihres Glasbehälters. Vielleicht haben Sie ja auch schon die rechteckige Glasvase zu Ihrem Lieblingsstück erkoren.

Was brauchen Sie?

In diesem Kapitel erfahren Sie die Vor- und Nachteile der Angebote in Fachgeschäften, vom Aquarium über allerhand kleineres Zubehör bis hin zur benötigten Technik.

Das Aquarium: Achten Sie auf Qualität!

Beim Komplett-Set haben Sie das Becken mit Filter, Reglerheizer und Lampe inklusive. Nur einrichten müssen Sie es noch selbst.
Foto: H.-G. Evers

Von diversen Kunststoffbehältern möchte ich Ihnen abraten. Die sind Ihnen vielleicht noch aus Ihrer „*Triops*-Zeit" bekannt. Diese kleinen Urzeitkrebschen werden schon seit Jahrzehnten in kleinen Behältern gezogen. Schon nach kurzer Zeit werden Sie erste Gebrauchsspuren in Form von Kratzern im Plastik erkennen, und mal ehrlich – sieht das schön aus? Einfach geht es mit den Komplettsets, die Glasaquarien umfassen. Die Hersteller für Aquaristik-Produkte bieten eine solche Vielfalt, dass es einem als Einsteiger schon schwindelig wird. Es geht nichts über eine ausführliche Beratung bei dem motivierten Zoofachhändler Ihres Vertrauens, doch letztendlich entscheiden Sie. Treffen Sie die Wahl Ihres Aquariums für sich, denn es soll schließlich ein individueller Lebensraum sein, an dem Sie viel Freude haben werden und der zu Ihnen passt.

Sets erhält man in verschiedenen Größen von einigen wenigen bis zu 60 l. Komplettiert werden sie durch passende Technik, häufig finden Sie beim Auspacken der Neuerrungenschaft auch Wasseraufbereiter und Futter. Filter, Reglerheizer und die Lichtquelle wurden vom Hersteller ausgewählt. In Bezug darauf sind Komplettsets also narrensicher. Aber auch hier gilt: Finden Sie die Technik praktisch,

Mit geeigneten Pflanzen und Dekomaterialien schaffen Sie räumliche Tiefe in jedem Nano-Aquarium.
Foto: B. Kaufmann

Fertig eingerichtet sind sie ein Nano-Kosmos.
Foto: H.-G. Evers

sind alle Komponenten leicht zu säubern, und haben Sie Spaß an der Pflege dieses Aquariums? Wählen Sie ein Komplettset, richtet sich das Interieur Ihres Aquariums nach der vorhandenen Technik. Häufig ist die Leuchtstoffröhre für nur einige übliche Pflanzen ausreichend, gerade die kleinwüchsigen Pflanzen für Ihr Nano-Aquarium aber, die Moose und „Gräser“, brauchen eine intensive Beleuchtung. Die Filterleistung setzt dem Tierbesatz Grenzen. Innenfilter und erst recht Außenfilter können außerdem eine starke Sogwirkung verursachen, sodass junge Garnelen oder Minifische angesaugt werden.

Zusammenfassend kann man sagen: Komplettsets sind einfach ausgelegt, in der Einrichtung ist man sehr beschränkt. Wenn Sie sich für eine Tierart und auch Pflanzen entschieden haben, sollten Sie sich mehrere Komplettsets anschauen und überprüfen, ob Sie den Ansprüchen an Filterung und Beleuchtung genügen. Vielleicht finden Sie kein geeignetes Set – dann sollten Sie die Technik für Ihr Nano-Aquarium selbst auswählen. In diesem Fall obliegt es Ihnen, auf die notwendige Sicherheit zu achten, z. B. auf eine spritzwassergeeignete bzw. -geschützte Beleuchtung. Hierzu ist zu sagen, dass die individuelle Auswahl der Gerätschaften nicht kompliziert ist, sie erfordert aber eine intensive Beschäftigung mit dem Thema. Tipps zur Auswahl dieser Kleingeräte gibt es später im Kapitel „Die Technik“.

Achten Sie sowohl beim Glasbecken des Komplettsets als auch bei einem separat gekauften Aquarium auf eine gute Qualität. Auch eine kostenintensive Kristallglasvase kann stellenweise Gussfehler aufweisen, die den Blick in Ihre Nano-Welt trüben. Prüfen Sie das Becken aufmerksam. Die Glasscheiben der vorgefertigten Aquarien sollten einwandfrei verklebt sein, möglichst mit dunklem Silikon, hier nisten sich weniger Algen ein. Da wir uns im Nano- und Minibereich bewegen, werden wir unser Aquarium sicher kostengünstig aufbauen und pflegen können. Trotzdem sollten Sie sich nicht von qualitativ minderwertigen Billigangeboten überzeugen lassen. Schauen Sie nach der Sicherheit und der Verarbeitung aller technischen Geräte. Sogenannte Goldfischgläser und Wandbildaquarien sind nicht für die Haltung von Tieren geeignet. Laut Aussage des ZZF (Zentralverband Zoologischer Fachbetriebe) darf der Durchmesser des Aquariums nicht kleiner sein als die Höhe des Glasbeckens. Das Gegenteil kann sich negativ auf den Gasaustausch zwischen der Luft und dem Wasser über die Wasseroberfläche auswirken, sodass es in einem solchen Behälter innerhalb kurzer Zeit zu einem Sauerstoffmangel kommt.

Die für die Haltung von Tieren nicht geeigneten „Goldfischgläser“

Sie haben einen Kleintierzoo zu Hause? Katze und Co. lieben Unterhaltung. Eine Abdeckung mit integrierter Beleuchtung, wenn es die Größe zulässt, möchte ich Ihnen in diesem Fall ans Herz legen. Sie hemmt auch die Verdunstung von Wasser, denn bei der geringen Flüssigkeitsmenge kann der Wasserverlust die Parameter, die Sie für die Lebewesen ausgewählt haben, rasch verändern. Gleichen Sie den Verlust durch Zugabe von Frischwasser regelmäßig aus. Die Wasserchemie ist ein Thema für sich, deswegen widme ich ihr ein eigenes Kapitel (S. 15). Zurück zur Abdeckhaube Ihres Aquariums. Krebse (in unserem Zusammenhang: Dekapoden, Zehnfüßer) haben zwar den Lebensraum Wasser erschlossen, sie bewegen sich aber nicht nur auf dem Bodengrund des Aquariums, sondern erklimmen auch Innenfilter, Pflanzen, Wurzeln und diverse Dekorationsmaterialien. Dem einen oder anderen erfahrenen Aquarianer sind solche Tiere sicher schon einmal morgens über den Parkettboden entgegengekommen. Das kann auch ins Auge gehen! Häufig werden solche Ausreißer zu spät bemerkt und vertrocknen. Das wollen wir natürlich unseren Krebsen ersparen – sorgen Sie auch deshalb für eine Abdeckung und vergessen Sie nicht, die Öffnungen für Schläuche oder Kabel mit Filterwatte o. Ä. dicht zu verschließen!

Die Filterwatte verstopft Zwischenräume von Deckel und Glasbecken und verhindert „Spaziergänge“ neugieriger Krebse.

Nützlicher Kleinkram und wie er eingesetzt wird

Da schlägt das Herz eines jeden Aquarianers höher, wenn es um die kleinen Utensilien geht, mit denen Arbeiten im und rund um das Aquarium erleichtert werden. Deswegen möchte ich dem „Werkzeug“ ein eigenes Kapitel schenken. Dabei werden Sie schon einen kleinen Einblick über die Pflegemaßnahmen bekommen, mit denen Sie Ihr Becken in ein Vorzeigeobjekt verwandeln. Ich verspreche Ihnen, dass der Einsatz einer halben Stunde wöchentlich ausreicht, das Kleinstaquarium zu pflegen. Sie sollen es ja auch genießen können. Kommen wir nun zu den nützlichen Dingen:

Während Sie es vielleicht gewöhnt sind, in ein großes Aquarium mit Ihren Händen hineinzugreifen und dort abgestorbene Pflanzen zu entfernen oder Dekomaterialien umzubauen, würde das in einem Mini-Aquarium zu einer mittleren Katastrophe führen. Mindestens eine Pinzette, mit der Sie den Bodengrund erreichen und sogar noch ein Stückchen tiefer kommen, um Pflanzen neu einzusetzen, sollten Sie besitzen. Dann gibt es eine sogenannte Präpariernadel, mit der Sie den Bodengrund auflockern können, damit keine Fäulnisgase entstehen. Denn die sind für die lebenden Bewohner der Miniwelt tödlich! Ein kleiner Spatel entfernt Algen, die sich auf Dekomaterialien festgesetzt haben. Manchmal ist es aber schon fast sinnvoller, die mit Algen überzogenen Kleinteile – wenn möglich – zur Reinigung aus dem Aquarium zu entfernen, weil Sie sonst sehr viel Unruhe in die Miniwelt bringen und vor allem das Wasser damit stark verschmutzen. Stellen Sie sich ein Präparationsbesteck zusammen. Häufig finden Sie im medizinischen Fachhandel oder auf Aquaristik-Ausstellungen und Messen eine große Auswahl.

Mit Fingerspitzengefühl werden Sie schnell den Dreh raus haben und die Aquarienbewohner bei den Pflegearbeiten nicht stören. Die Scheiben- und auch Bodenreiniger, die für größere Aquarien angeboten werden, sind allenfalls für die „großen Mini-Aquarien“, also 60 oder 30 l fassende Standard-Becken geeignet, aber nicht für Ihr Nano-Aquarium mit wenigen Litern Wasservolumen. Diese Utensilien sind nur für große Flächen brauchbar und würden das Innenleben in der Glasvase zerstören. Verwenden Sie für die Glasscheiben eine Rasierklinge, die Sie mit der Pinzette führen.

Halten Sie das Nano-Becken nicht geradlinig strukturiert, denn z. B. der Gestreifte Prachtkärpfling liebt verkrautetes Gewässer mit dichtem Pflanzenwuchs.
Foto: H.-G. Evers

Kommen Sie nicht in die Nähe von Silikonabdichtungen oder Verklebungen, denn wenn Sie diese beschädigen, wird Ihr Aquarium schnell undicht! Gehen Sie vorsichtig mit der Rasierklinge an der Glasscheibe entlang. Befindet sich nur ein Sandkorn dazwischen, gibt das nicht mehr zu beseitigende Kratzer! Ein Wort zu den sogenannten Algenmagneten: Sie entfernen Grobschmutz, schaffen aber keine klaren Verhältnisse und sind für die Nano-Aquaristik nicht geeignet.

Den Bodengrund reinigen Sie in Aquarien, die weniger als 30 l Wasservolumen fassen, mit einem Luftschlauch, durch den der Schmutz abgesaugt wird. Hierbei ist Ihre Feinmotorik gefragt, denn der Kies kann den Schlauch mit dem sehr kleinen Durchmesser leicht verstopfen. Deswegen sollten Sie das komplette Nano-Aquarium bei der Reinigung einsehen, um außerdem kleine Tiere nicht zu stören. Führen Sie vorsichtig den Luftschlauch über den Bodengrund. Ist Ihr Aquarium wirklich ein Mini-Stück, hier spreche ich dann von einem Wasservolumen unter 10 l, dann sollten Sie mit Hilfe einer Schlauchklemme den Wasserdurchfluss regulieren, damit die Wasser-Kleinstlebewesen nicht innerhalb von zehn Sekunden einen Schritt tun müssen, der in der Evolution Jahrmillionen gedauert hat – der Gang an Land … Lockern Sie den Kies vorher auf, damit grober Schmutz, der sich hier gesammelt hat, an die Kies-Oberfläche gelangt. Gerade im unteren Bereich des Bodengrunds ist der Mulm sichtbar. Reinigen Sie zuerst die Scheiben, dann den Bodengrund, so können Sie Algen- oder Schmutzreste, die sich von den Scheiben gelöst haben, mit dem Schlauch entfernen.

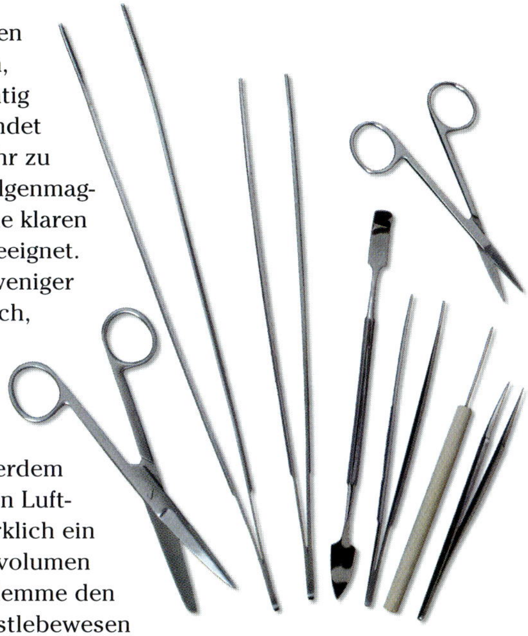

Nützliches Präparationsbesteck erleichtert Ihnen die Arbeit in der Nano-Welt.

Wenn Sie Teilwasserwechsel durchführen, sollten Sie das frische, eventuell mit einem Wasseraufbereiter und Düngemittel versetzte Wasser mit Hilfe einer Flasche wieder auffüllen.

Wenn Sie Tiere aus einem Transportbeutel in Ihre Nano-Welt einsetzen möchten, geht das nur vernünftig mit einem Kescher der Größe XS. Die Tiere stehen unter enormen Stress, daher sollten sie im mit Zeitungspapier eingerollten Transportbeutel vorsichtig und nur für kurze Zeit transportiert werden. Durch die Erhöhung ihrer Stoffwechselrate wird das Transportwasser mit Ausscheidungen der Tiere angereichert, die in dem neuen Zuhause nichts zu suchen haben. Aus dem Nano-Aquarium wird darum zum Eingewöhnen immer wieder Wasser in den Transportbeutel gegeben, und nach einer halben Stunde kann ein Großteil des Wassers entsorgt werden, am besten über einen Kescher in einen Eimer, falls dabei Tiere mit hinausgeschwemmt werden. Dann können die Neuankömmlinge übergesiedelt werden. Geben Sie nur einen kleinen Teil des Transportwassers in Ihr Nano-Aquarium.

Nachfüllflasche für den Wasserwechsel

Verwenden Sie hierzu eine kleine Glas-Wasserflasche und markieren Sie diese, damit sie nur für Ihr Nano-Aquarium eingesetzt wird. Bewährt hat sich bei kleinen Fisch-Aquarien auch eine kleine Gießkanne, damit das Wasser nicht so stark plätschert und sich eventuell Pflanzen aus dem Bodengrund herauslösen. Auch die Gießkanne ist schon beim Kauf für Ihr Aquarium reserviert, denn Rückstände von Düngemitteln für Zimmerpflanzen haben eine tödliche Wirkung auf den Tierbesatz.

Dass Sie bei jeder Pflegemaßnahme, die Sie in Ihrer Nano-Welt durchführen, mit besonderer Vorsicht vorgehen müssen, ist selbstverständlich. Im Mittelpunkt stehen die Lebewesen, die in das Kleinst-Aquarium eingesetzt wurden, und keine Alge der Welt ist es wert, die Tiere unentwegt zu stören. Ein algenfreies Aquarium werden Sie nicht erreichen. Algen existieren seit Jahrmillionen auf der Erde und können sich so schnell an veränderte Umweltbedingungen anpassen, dass Sie den Kampf gegen sie niemals gewinnen würden. Reduzieren sollten Sie die Algen aber mit den oben genannten Hilfsmitteln, wenn Sie überhand nehmen. Vor allem ist es dann notwendig, Ursachenforschung zu betreiben, denn alle im Handel angebotenen Anti-Algenmittel sind wohl kurzfristige Problemlöser, bekämpfen aber nicht die Ursache.

Tiere entfernen

Viele Tiere, die in ein Kleinst-Aquarium eingesetzt werden, haben auch in der Natur eine Lebensspanne von nur 9–15 Monaten. Daher ist es gewiss, dass Sie irgendwann auch ein totes Tier entfernen müssen, entweder mit einer runden Pinzette oder dem bereits erwähnten Nano-Kescher.

Der Boden: Natürlichkeit ist die beste Wahl

Bauen wir die ganze Sache chronologisch auf. Die folgenden Kapitel simulieren Ihnen Schritt für Schritt die Einrichtung Ihres Kleinst-Aquariums. Zur Vereinfachung und für einen raschen Überblick habe ich Ihnen eine kurze und kompakte Liste auf S. 57 zusammengestellt.

Nachdem Sie das Aquarium mit Leitungswasser ohne Zusätze gereinigt haben, können Sie den Bodengrund einbringen. Dieser dient nicht nur der Verankerung der Pflanzen in Ihrem Nano-Aquarium, sondern arbeitet auch die Nährstoffe in

eine pflanzengerechte Form auf. Im Bodengrund herrscht Sauerstoffarmut. Hierdurch werden die sonst unlöslichen Stoffe Eisen, Mangan, Stickstoff und weitere Spurenelemente für die Pflanzen bereitgestellt. Sogenannte Niedervolt-Bodenheizungen unterstützen durch die Erhöhung der Bodentemperatur den Transport dieser Stoffe zu den Pflanzen. Hierzu mehr im Kapitel „Die Technik" (S. 28). Ein fein granulierter Bodengrunddünger stellt die oben aufgeführten Nährstoffe von Anfang an den Pflanzen in Ihrem Mini-Aquarium zur Verfügung. Vermengen Sie diesen mit Kies, damit er sich nicht zu stark verdichtet und nach kurzer Zeit verfault. Darüber bringen Sie eine weitere,

Stimmen Sie Bodengrund, Pflanzen und Dekoration auf die Anforderungen Ihrer Tiere ab. Mehr dazu finden Sie im Kapitel „So könnte es aussehen" (ab S. 68).

Boraras-Arten benötigen viel Schwimmraum. Stimmen Sie das Aquarium mit nur wenigen Pflanzenarten und der Dekoration darauf ab.
Foto: F. Wang

ca. 3 –5 cm dicke Kiesschicht ein. Der Kies sollte eine Körnung von 1–3 mm haben. Eine kleine Körnung bis 2 mm hat sich für sehr zarte und kleine Pflanzen bewährt, wie z. B. für das Zierliche Perlenkraut (*Hemianthus micranthemoides*). Verwenden Sie nur in Ausnahmefällen und nach Bedarf der eingesetzten Tiere Sand, weil er bei starker Bepflanzung Ihres Kleinst-Aquariums schlecht gereinigt werden und dann keine Durchströmung des Bodengrundes mehr stattfinden kann. Ein faulender Bodengrund aber ist „toter" Bodengrund. Diesen müssen Sie auf jeden Fall entfernen! Anders verhält es sich, wenn der Sand mit grobem Kies vermengt wird. Dann reicht nämlich schon die Auflockerung der Bodenstruktur mit Hilfe eines Spatels oder einer Pflanzenzange, um solche Probleme zu vermeiden. Wenn höhere Terrassen im Kleinst-Aquarium geplant sind, sollte hier entweder gröberer Kies als unterste Schicht eingesetzt werden, oder es ist notwendig, dass Sie sehr häufig den Bodengrund an dieser Stelle mit einer Seziernadel auflockern. Verhalten Sie sich hierbei nicht wie ein Maulwurf und achten Sie darauf, dass Sie die feinen Wurzeln der Pflanzen nicht mit der Nadel beschädigen. Der Kies sollte von vorne nach hinten ansteigen und muss auf jeden Fall vorher gründlich gewaschen werden! Der herkömmliche „natürliche" Aquarienkies ist sehr verstaubt, und Sie werden einige Zeit benötigen, bis Sie im Waschwasser keine Partikel mehr erkennen können, das Wasser also klar ist! Nicht verzagen, lassen Sie sich bei der Einrichtung viel Zeit und überlegen Sie genau jeden Schritt.

Haben Sie auch schon einmal etwas von dem Eisennagel gehört, der angeblich den Pflanzen zum besseren Wachstum verhilft? Der gesunde Menschenverstand sagt Ihnen sicher, dass so etwas nicht in Ihr Nano-Aquarium hineingehört. Sicher benötigen Pflanzen Eisen für ihr Blattgrün, aber nicht in dieser Form. Nur komplexiertes Eisen (Eisenchelat) wird von der Pflanze über den Stängel in die Blätter transportiert. In Asien und Afrika findet man stark mit Eisen angereicherten Bodengrund, sogenannten Laterit. Eisenoxide sind für die rotbraune Farbe dieses Gesteins verantwortlich. Dieser natürliche Nährstoffversorger für Wasserpflanzen kann auch mit ein wenig Kies vermengt und mit einer 3–5 cm starken Kiesschicht abgedeckt werden.

Vermeiden Sie farbigen Kies

Kleine Garnelen „weiden" den Farbstoff sehr gerne ab, und der Bodengrund verliert nach einigen Monaten die vorher so auffällige Farbe. Außerdem kann der sogenannte kunststoffummantelte Kies Schadstoffe abgeben, die sich auf die wirbellosen Bewohner negativ auswirken. Sie können Quarzkies als Bodengrund einsetzen. Hierbei handelt es sich um einen schadstofffreien Boden, der sehr kleinen Pflanzen mit feinem Wurzelwerk eine optimale Grundlage liefert und besonders für die Haltung von Wirbellosen geeignet ist.

Das Grundwasser ist mit CO_2 aus der Humusschicht und verschiedenen Mineralstoffen aus der Gesteinsschicht angereichert. Sie müssen die Vorkommen dieser Bestandteile in der Nano-Welt überprüfen und bei Mangel für die Pflanzen zusetzen.

Eine einfachere, wenn auch nicht immer optimale Form der Pflanzendüngung ist die Zugabe eines Flüssigpräparats. Wenn Sie die oberen Schichten des Bodengrundes regelmäßig auflockern und damit einen Wasserdurchfluss gewährleisten, werden die Pflanzen mit Nährstoffen versorgt, die sie über die Wurzeln aufnehmen. Vielleicht möchten Sie aber auch einen Pflanzenteppich in Ihrem Kleinst-Aquarium pflegen, dann ist die Düngung über den Bodengrund besser geeignet.

Der Boden ist außerdem „Arbeitsgebiet“ für Bakterien und dient einigen Schneckenarten tagsüber als Rückzugsmöglichkeit. Kalkarm sollte der Boden sein, denn nur dann stellt er die Nährstoffe bereit, die von den Pflanzen gebraucht werden. Verwenden Sie also handelsüblichen Bodengrund, oder wenn Sie auf Nummer sicher gehen möchten, testen Sie den Kalkgehalt des Gesteins mit Essig-Essenz. Träufeln Sie ein paar Tropfen dieser Lösung auf eine gesonderte Probe des Bodengrundes. Schäumt dieser, ist der Kalkanteil zu hoch, und Sie sollten ihn nicht für Ihr Aquarium verwenden.

Das Dekorationsmaterial: nicht nur eine Augenweide

Alle Gegenstände, die in das Aquarium gelegt werden, dürfen keine schädlichen Stoffe an das Wasser abgegeben! Die Materialien, die der Zoofachhandel anbietet, sind für Aquarien geeignet, Figuren aus dem Überraschungsei oder aus der Spielwarenabteilung dagegen haben hier nichts zu suchen. Wenn wir die ganze Geschichte auch ästhetisch betrachten, ist mit einem schönen Mix aus Steinen, Wurzeln und Pflanzen die Deko perfekt. In der Regel verwendet man Urgesteinsarten wie Basalt,

Hier nur eine kleine Auswahl der Gesteinsarten, die Sie im Fachgeschäft vorfinden. Achten Sie auf die passende Größe für Ihr Nano-Aquarium. Formen und Farben des Gesteins werden durch den Einsatz nur weniger Pflanzenarten hervorgehoben.

Foto links: C. Logemann
Fotos unten: H.-G. Evers

Granit oder Porphyr. Lavagestein wirkt mit einem rotbraunen Untergrund gut, ist aber nicht für alle Lebewesen geeignet, weil es scharfkantig ist. Stimmen Sie die Deko mit dem Untergrund, eventuell auch mit dem Aquarienhintergrund ab, denn dieses Kleinst-Aquarium soll ja nicht chaotisch, sondern harmonisch wirken. Stapeln Sie mehrere Steine übereinander, sollten Sie diese mit Aquariensilikon aneinander befestigen, damit sie nicht über den Tieren einbrechen. Zur Gestaltung des Hintergrundes empfehlen sich spezielle Folien aus dem Zoofachhandel oder schwarzer, eventuell auch silberfarbener Karton. Hierdurch werden die Farben der Tiere und Pflanzen intensiviert. Dreidimensionale Rückwände, die mit Aquariensilikon im Glasbecken fixiert werden, sind nur für große Aquarien geeignet. Sie würden in unserem Mini-Aquarium, auch im größten, dem 60-l-Aquarium, zu viel Platz wegnehmen. Eine Alternative ist ein Edelstahlgitter, das mit Javamoos überzogen eine grüne Wand bildet. Hierzu schneiden Sie ein Gitter entsprechend der Größe der Rückwand zu und befestigen das Javamoos. Fixieren Sie das Gitter mit einigen wenigen Tropfen Aquariensilikon an der Rückscheibe, damit keine Tiere dahinter gelangen. Pflanzen sind zur Dekoration sehr gut geeignet, weil sie den natürlichen Lebensraum der Tiere nachahmen.

Das Lebermoos (*Monosolenium tenerum*) fügt sich mit *Riccia fluitans* (Teichlebermoos) in die Dekoration ein und verkleidet den Hintergrund sowie eine Seitenscheibe.
Foto: H.-G. Evers

Die Pflanze wird sich von Tag zu Tag ausbreiten, und nach wenigen Wochen haben Sie eine dekorative Rückwand, die auch als Versteckmöglichkeit von diversen Tieren genutzt werden kann!

Vielleicht möchten Sie aber das Innenleben des Aquariums von allen Seiten betrachten können. Mit einem Luftheber in der Mitte erreichen Sie gerade in runden Aquarien eine gute Filterleistung und auch eine schöne Beobachtungsperspektive. Der unansehnliche Luftheber kann wie im auf S. 78 beschriebenen Schnecken-Becken mit Javamoos berankt werden. Mit Moosen lässt sich generell notwendiges technisches Equipment wie auch ein Reglerheizer mühelos verdecken. Außerdem bietet ein Moosteppich viele Versteckmöglichkeiten für die Tiere, denn wer lässt sich schon gerne 24 Stunden ins Wohnzimmer schauen?!

Weitere Dekorationsgegenstände sind Holzstücke, aber sammeln Sie diese keinesfalls im Wald! Solche Stücke faulen nämlich innerhalb kurzer Zeit im Aquarium und rauben den Lebewesen den lebensnotwendigen Sauerstoff. Savannenholz aus Afrika und Moorkienwurzeln z. B. aus den Hochmooren Norddeutschlands werden in unterschiedlichen Größen und Formen in Zoofachgeschäften angeboten. Diese bieten so gut wie keinen Nährboden für Schimmelpilze, Blaualgen oder Fäulnisbakterien. Das Holz sowie einige Wurzeln müssen manchmal gewässert werden, damit sie im Aquarium nicht nach oben treiben. Legen sie das Dekorationsmaterial dazu in einen Eimer und wechseln Sie das Wasser jeden Tag, bis das Holz oder die Wurzel untergeht. Danach sind die Dekomaterialien nicht mehr schwimmfähig und ausreichend sauber. Die Moorkienwurzel oder das Holz sollten auf gar keinen Fall faulig

riechen. Echte Moorkienwurzeln zeichnen sich durch ihr hohes Lebensalter aus und können einige Tausend Jahre alt sein; Sie besitzen dann also ein echtes „Schmuckstück" in Ihrem Aquarium. Moorkienwurzeln desinfizieren das Wasser durch Huminsäuren, der pH-Wert wird saurer, sie dienen als Laichablageplatz für verschiedene Lebewesen oder sogar als Futterquelle für Wels-Arten. Da sich auf einer Wurzel und einem Holzstück viele Lebewesen tummeln, wie Bakterien, Einzeller, z. B. Glockentierchen der Gattung *Vorticella*, oder Algen, kommt es in dem Kleinstaquarium zu einem höheren Sauerstoffbedarf. Deswegen sollten Sie die Wurzel nicht zu groß auswählen, damit nicht zu viel Wasser verdrängt wird, und denken Sie an eine ausreichende Bepflanzung z. B. mit Moosen zur besseren Sauerstoffversorgung.

Es kann passieren, dass sich auf der Wurzel im Aquarium ein dünner, weißer Schleim bildet. Hierbei handelt es sich um einen Pilz. Ihr Zoofachhändler wird Ihnen zwar ein Medikament empfehlen, doch jetzt in der Anfangsphase dieses Mini- oder Nano-Aquariums bringt eine Chemikalie Nachteile, und wirbellose Tiere vertragen manchmal Bestandteile dieser Präparate nicht. Wässern Sie die Wurzel einfach weiterhin, bis der Pilz verschwindet.

Der Seemandel- oder Katappenbaum (*Terminalia catappa*) ist in Malaysia und im westlichen Pazifikraum beheimatet. Während er dort als Schattenspender fungiert, haben die Blätter dieses Baumes in der Aquaristik einen großen Stellenwert erlangt.
Fotos: H.-G. Evers

Seemandelbaumblätter oder -rinde sehen nicht nur dekorativ aus, sondern besitzen auch eine desinfizierende Wirkung auf das Wasser. Der Seemandelbaum (*Terminalia catappa*) ist in Asien und Afrika beheimatet und dient hier an Stränden als Schattenspender. Die Blätter dieses Baumes enthalten natürliche Tannine und Biosubstanzen, die nicht nur antibakteriell gegen Fäulniserreger wirken, sondern auch den pH-Wert senken. Bei einigen Fischen verbessert die Zugabe von Seemandelbaumblättern die Laichbereitschaft und verhindert das Verpilzen der Eier. Weiterhin unterstützt das Laub den Schleimhautschutz der Fische und beugt so Pilzerkrankungen auch bei ausgewachsenen Tieren vor. Mit den Seemandelbaumblättern können Sie Ihren Tieren ein Stück natürlichen Lebensraums und ein Nährsubstrat bieten. Hier siedeln sich wie auf Holz Kleinstlebewesen an, die als Nahrung für Garnelen dienen. Tauschen Sie die Blätter alle 2–3 Wochen aus. Man rechnet pro 25 l Wasser ein Blatt. Alternativ können Sie auch Buchenblätter einsetzen. Diese desinfizieren zwar nicht nachweislich das Wasser, bieten aber Algen und Kleinsttieren Aufwuchsfläche.

Sie haben eine hübsche Muschel aus dem Urlaub mitgebracht? Wie schön, die kann auf dem Regal neben dem Aquarium platziert werden! Wenn sie im Aquarium liegen würde, könnte die Muschel Stoffe an das Wasser abgeben,

Mit verschiedenen Gesteins- und Holzarten lassen sich kleine Unterwasserlandschaften formen.
Foto oben links und Foto unten: H.-G. Evers

die für die Lebewesen im Becken tödlich sind. Außerdem besteht die Muschelschale aus Kalk, der sich im Wasser lösen könnte. Damit würden sich so wichtige Wasserparameter wie der pH-Wert und die Karbonathärte verändern. In aller Regel handelt es sich bei diesen Mitbringseln ja um totes Material aus dem Meer. Dieses hat in unserem Süßwasser-Aquarium ohnehin nichts zu suchen.

Ihrer Kreativität sind ansonsten kaum Grenzen gesetzt. Da es sich um einen kleinen Biotop handelt, ist eine Neugestaltung mit Dekorationsmaterialien nach einiger Zeit sicher kein Problem. Gehen Sie, wenn Sie „ummöbeln“, immer bedächtig vor. Die erfahrenen Aquarianer unter Ihnen können sicher bestätigen, dass in ein gut „eingefahrenes“ Aquarium mit sorgfältig ausgewählten Lebewesen z. B. keine weiteren Tiere direkt eingesetzt werden sollten. Die Zahl der Krankheitserreger im Wasser könnte durch die Neulinge höher werden, und die alten Bewohner wären diesem Druck nicht gewachsen. Dieses Problem umgehen Sie immer mit einem Quarantäne-Aquarium. Hier setzen Sie die neuen Tiere ein, um sie nach ca. vier Wochen in Ihr Haupt-Nano-Aquarium zu entlassen, wenn sie sich in dieser Zeit als gesund erwiesen haben. Trotzdem kann auch diese Methode

sich als problematisch erweisen, denn Sie wissen nicht, wie die alten auf die neuen oder die neuen auf die alten Bewohner reagieren! Vielleicht können sie sich nicht „riechen“, sodass es zu Verhaltensstörungen kommt. Wie gesagt, besser Sie ändern am Tierbesatz nichts, wenn es einmal gut läuft!

Alle toten Dekorationsmaterialien aus Kunststoffen, diverse Schatztruhen, künstliche Felsbrocken und Tontöpfe sind Ansiedlungsfläche für Algen. Setzen Sie diese Dinge, wenn Sie Ihnen gefallen, so ein, dass man sie ohne großen Aufwand aus dem Aquarium entfernen und mit einer Handbürste schrubben kann! Ich rate Ihnen davon ab, tagsüber eine Membranpumpe anzuschließen, damit die Schatztruhe sich öffnen kann und Blubberblasen freilässt. In Ihr Aquarium setzen Sie Pflanzen ein, die für die nötige Sauerstoffzufuhr im Wasser sorgen. Die großen Luftblasen der Pumpe könnten tagsüber das für die Pflanzen notwendige Kohlendioxid austreiben, die Pflanzen würden kümmern. Außerdem würde eine Luftpumpe nur Unruhe in Ihr Nano-Aquarium bringen. Dekorationsmaterial sollte als Versteckplatz für Tiere dienen und Verankerungsmöglichkeit für Pflanzen sein, eine blubbernde Schatztruhe dagegen ist Stressfaktor für alle Lebewesen in Ihrem Miniatur-Aquarium. Wenn Ihr Nano-Aquarium zusätzlich Sauerstoff benötigt, ist ein Oxydator die bessere Wahl. In einem Gefäß in Ihrem Aquarium wird Wasserstoffperoxid (H_2O_2) durch einen Katalysator in Wasser und Sauerstoffradikale gespalten. Dieses Gerät ist sehr gut für Ihr Kleinst-Aquarium geeignet, weil es keine großen Luftblasen und somit keine Unruhe im Wasser verbreitet. Der Sauerstoff perlt sehr fein aus dem Oxydator aus.

Asiatisches Flair mit Bambus

Bambus im Aquarium ist schön anzusehen und verbreitet ein asiatisches Flair. Wenn Sie nun auch Garnelen in dieses Nano-Aquarium setzen, liegen Sie absolut im Trend! Verwenden Sie behandelte Bambusstäbe. Diese werden an den abgeschnittenen Enden mit Kunstharz versiegelt, sonst können sie von innen faulen, und es käme schnell zu einer Verschlechterung der Wasserqualität.

Lassen Sie neben der ganzen Deko auch noch Platz für die Tiere! Auch wenn sich alles hier um kleine Fische oder Wirbellose dreht, haben die meisten doch ihren Bewegungsdrang und benötigen neben den Versteckplätzen auch genügend Schwimmraum. Platzieren Sie eine Wurzel oder einen anderen größeren Gegenstand nicht in der Mitte des Miniatur-Aquariums, legen Sie ein solches Deko-Element eher seitlich, dann erhält das Aquarium räumliche Tiefe und sieht nicht künstlich aus.

Sie werden nur Spaß am Einrichten haben, wenn Sie sich ausreichend Zeit dazu nehmen. Und denken Sie auch immer im Sinne der Tiere, um ihnen einen Lebensraum zu bieten, in dem sie gut leben können. Platzieren Sie alle technischen Aggregate zur selben Zeit, denn ohne sie läuft es in Ihrer Miniaturwelt nicht rund. Ja, hierbei handelt es sich tatsächlich um einen Kreislauf, nämlich den Nitratzyklus, der z. B. von der Filteranlage forciert wird. Richtig chemisch wird es im Kapitel „Das Wasser". Dieses füllen wir natürlich erst auf, wenn alle Gegenstände ins Aquarium eingebracht wurden.

Die Technik: Unsichtbar ist am schönsten

Nach dem Bodengrund wird zeitgleich mit der Dekoration das technische Equipment installiert. Haben Sie sich für kein Aquarien-Komplettset entschieden, dann haben Sie jetzt die Qual der Wahl mit den elektrischen Geräten. Hierzu finden Sie wirklich mehr als genug im Zoofachgeschäft. Lassen Sie uns zwischen einfacher, billiger (im Gegensatz zu „preiswerter") und extravaganter Technik unterscheiden. Einfache Technik ist immer zu empfehlen und bildet das Grundgerüst zum dauerhaften Betrieb des Nano-Aquariums. Von der billigen lassen Sie besser die Hände, denn die wird zu preisgünstig hergestellt und hat häufig ihre Mängel. Und das Extravagante macht Ihre Möglichkeiten grenzenlos. Leitwert-Messgerät, CO_2-Düngeanlage, Osmose-Anlage, Ionenaustauscher, UV-C-Entkeimer, Futterautomat – dieses Equipment möchte ich am Ende des Kapitels kurz erklären, es ist aber sicher kein zentraler Punkt für dieses Buch. Viel wichtiger sind die prinzipiellen Gerätschaften, die vorhanden sein müssen.

Filter

Beginnen wir mit dem Herz jedes Aquariums: dem Filter. Wir unterscheiden die mechanische Filterung zur Beseitigung von Trübstoffen von der biologischen Filterung durch Bakterien und der chemischen Filterung z. B. über Aktivkohle oder Torf, um Wasserparameter einzustellen. Die Wahl der geeigneten Filtermedien wird oft diskutiert. Sie sind in Ihrer Auswahl durch die Größe des Mini-Aquariums ein wenig eingeschränkt. Setzen Sie verschiedene Materialien ein, die in Fließrichtung des Wassers

Der Zwergkugelfisch benötigt eine Luftpumpe zur erhöhten Sauerstoffversorgung. Er kommt in einem Art-Nano-Aquarium am besten zur Geltung.
Foto: H.-G. Evers

erst grob, dann fein filtern. Eine erste mechanische und biologische Reinigung durch Filterschwämme entfernt Grobschmutz und reduziert die Abfallprodukte der Lebewesen, eine anschließende Feinfilterung durch Watte oder ein Vlies klärt das Wasser. Klares Wasser ist nicht gleich gutes Wasser, deswegen wird in diesem Kapitel so viel Wert auf biologische Filterung gelegt. Hierzu im Kapitel „Das Wasser" mehr. Die chemische Filterung über sogenannte Hochleistungs-Aktivkohle, häufig in Granulatform, entfernt nicht nur Medikamente nach der vorgeschriebenen Behandlungszeit oder Gelbstoffe wie Harnstoffe, sondern auch Phosphat, Eisen und weitere wichtige Spurenelemente für die Pflanzen in Ihrem Nano-Aquarium. Außer unter Zuchtbedingungen, da Gelbstoffe das Wachstum diverser Lebewesen hemmen, und außer zur kurzfristigen Entfernung von Medikamentenresten ergibt der Einsatz von Aktivkohle für die Nano-Aquaristik keinen Sinn.

Große Oberfläche für Filterbakterien

Bieten Sie den Filterbakterien, die für wichtige biologische Prozesse in Ihrem Nano-Aquarium verantwortlich sind, eine große Oberfläche. In einigen Fachgeschäften wird von feinporigen Materialien geschwärmt, die angeblich den Bakterien eine sehr große Oberfläche bieten. Mindestens aber die Filterbakterien sollten doch in diese Poren hineinpassen und die können eine Größe von bis zu 10 µm erreichen! Andernfalls verstopfen die Poren durch die Bakterien, und man hat nur noch eine kleine Filter-Oberfläche zur Verfügung.

Die Filterung über Torf enthärtet das Leitungswasser, färbt es aber auch, sodass die Fotosynthese bei einigen Pflanzenarten gar nicht mehr stattfinden kann, da wichtige Lichtanteile blockiert werden. Die Huminsäuren und Gerbstoffe im Torf wirken wachstumshemmend. Der als Filtermaterial eingesetzte Torf gibt unkontrolliert diese Stoffe an das Wasser ab, wohingegen mit einem flüssigen Extrakt aus dem Fachhandel die Enthärtung des Wassers genau gesteuert werden kann.

Es gibt sowohl Außen- als auch Innenfilter. Alle Filter – außer dem noch zu besprechenden luftbetriebenen Innenfilter – enthalten ein spezielles Antriebssystem, den Impeller. Anhand der Gebrauchsanweisung finden Sie diesen sehr schnell, denn er muss regelmäßig gereinigt werden, um einen reibungslosen Betrieb des Filters aufrechtzuerhalten.

Außenfilter weisen im Verhältnis zu Innenfiltern eine geringe Durchflussgeschwindigkeit auf, da ihr Filtervolumen größer ist. Gerade in der Nano-Aquaristik ist eine geringe Durchflussrate mit starker biologischer Filterung angebracht. Durch die längere Verweildauer des Wassers im Filter finden mehr biologische Umwandlungsprozesse statt. Eine starke Strömung möchten wir nicht erzeugen! Die Durchflussrate der Außenfilter lässt sich mechanisch einstellen. Hier sollten Sie eine geringe Strömung wählen. Innenfilter hingegen bieten den Vorteil, dass sie unauffällig in einem Aquarium integriert werden können.

Außenfilter (s. Abb. 1, Seite 30) werden als ganze Töpfe mit Verbindungsschläuchen unterhalb des Aquarienniveaus platziert. Sie müssen also nicht in das Aquarium hineingreifen, um den Filter zu säubern oder ihn zu platzieren. Heutzutage werden kleine, sehr einfach zu hand-

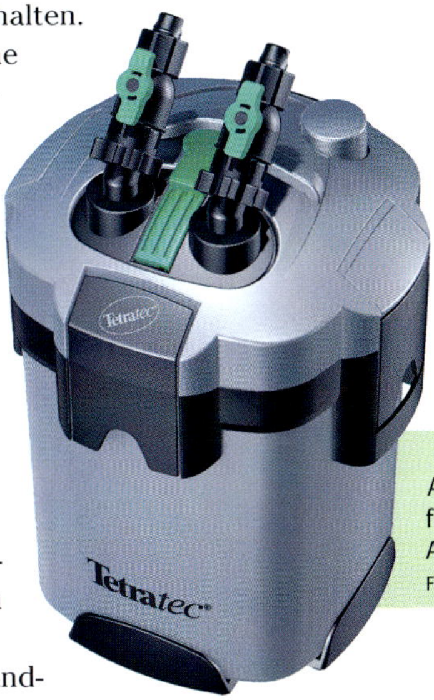

Ein kleiner Außenfilter für Ihr Nano-Aquarium
Foto: Tetra GmbH

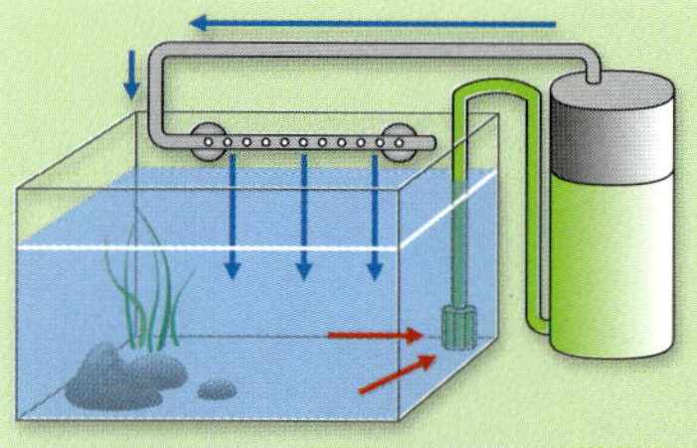

❶ So wird der Außenfilter an Ihrem Nano-Aquarium installiert.

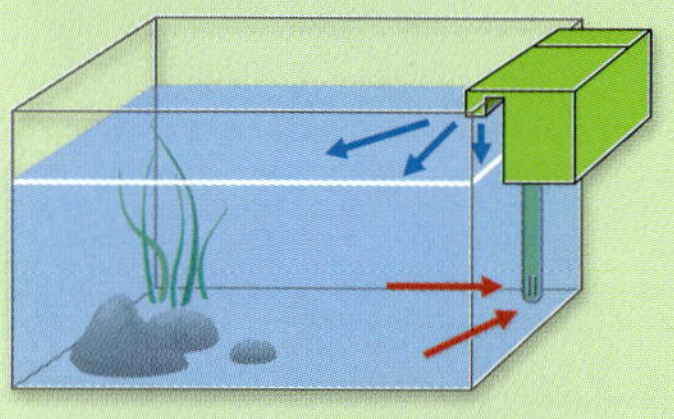

❷ Der „Huckepack“-Filter wird über die Glasscheibe gehängt.

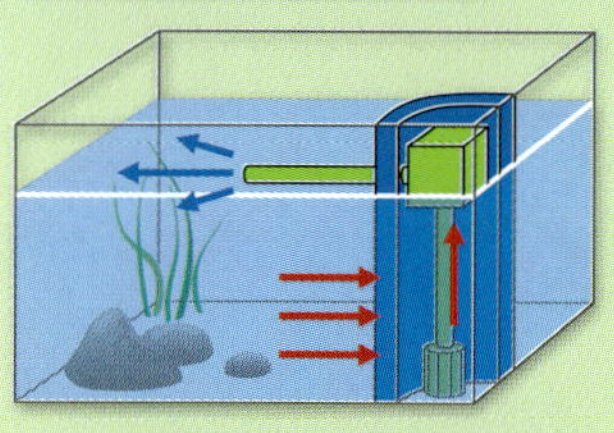

❸ Der Hamburger Mattenfilter ist für Nano-Aquarien nicht geeignet, da er viel Platz benötigt.

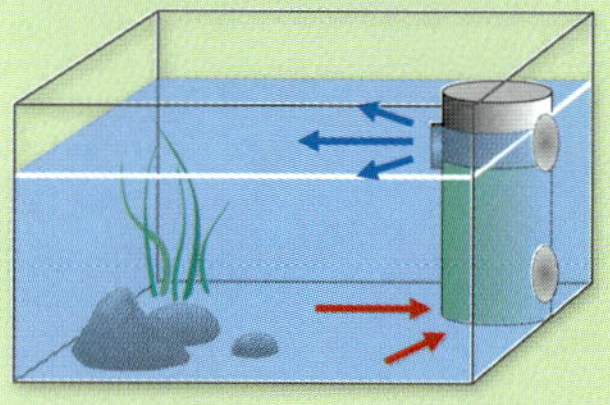

❹ Ein Innenfilter mit geschlossener Filterkammer lässt den Schmutz bei der Reinigung dort, wo er hingehört.

habende Außenfilter angeboten, die u. a. einen schnellen Start der Filterung durch eine Ansaughilfe gewährleisten. Spezielle Adapter, an denen die Schläuche für den Zu- und Ablauf mit nur einem Quetschverschluss angekoppelt werden, sind wasserdicht, sobald sie vom Filtertopf gelöst werden. Somit tritt kein Wasser aus dem Aquarium über die Schläuche aus. Einmal in der Stunde sollte das gesamte Wasservolumen des Nano-Aquariums durch die Pumpe im Filter transportiert werden. Auch wenn der Außenfilter ein großes Volumen besitzt und damit nicht so häufig gereinigt werden muss wie ein Innenfilter, sollten Sie das Filtermaterial regelmäßig grob reinigen. In den Außenfilter gelangt wenig Sauerstoff, sodass die Nährstoffe, die sich in der Standzeit ansammeln, durch (anaerobe) Bakterien in für die Tiere giftige Substanzen wie Ammoniak oder Nitrit umgewandelt werden und ins Aquarium gelangen. Reinigen Sie auch regelmäßig die Schläuche mit einer Schlauchbürste, denn durch einen Bakterienrasen und Algen kann der Wasserdurchfluss reduziert werden. Lassen Sie also auch Ihren Außenfilter nicht unendlich stehen! Außenfilter-Töpfe können in einem Unterschrank deponiert werden … wenn denn ein Unterschrank vorhanden ist. Das Reinigen des Filtermaterials sollte möglichst mit Wasser aus dem Aquarium erfolgen.

Ein weiterer Außenfilter ist der sogenannte Rucksack- oder Aufsatzfilter (s. Abb. ❷). Er wird einfach über eine Aquarienscheibe gehängt, logischerweise kann das Aquarium dann nicht abgedeckt werden, es sei denn bei größeren Modellen durch eine Haube mit einer entsprechenden Aussparung. Eine Kreiselpumpe transportiert das Wasser aus dem Aquarium durch Filtermaterial in das Glasbecken zurück. Vorteilhaft ist das Fehlen der Schläuche bei diesem Prinzip. Findet das Nano-Aquarium seinen Platz auf Ihrem Schreibtisch, dann rate ich Ihnen aber aus ästhetischem Gesichtspunkt zu einem Innenfilter.

Olaf Deters etablierte den sogenannten Hamburger Mattenfilter (HMF, s. Abb. ❸), dessen Prinzip und Wirkungsweise schon einige Jahrzehnte bekannt waren und nun experimentell und theoretisch bewiesen wurden. Prinzipiell wird das Wasser dabei durch eine Umwälzpumpe über eine größere Filtermatte gereinigt. Hinter dem Filterschwamm befindet sich eine Klarwasserkammer, denn nur hierdurch kann eine Filterung über die gesamte Fläche der Matte erzeugt werden. Auch wenn ich von dem Wirkprinzip des Hamburger Mattenfilters überzeugt bin, ist diese Art der Reinigung des Wassers für unsere Nano-Aquarien nicht gut geeignet. Selbst ein dünner Filterschwamm würde einen Großteil des Glasbecken-Volumens einnehmen, und eine Seite des

Der luftbetriebene Innenfilter eignet sich hervorragend für die Aufzucht von Zwerggarnelen.
Foto: C. Logemann

Kleinst-Aquariums könnte nicht eingesehen werden. Zwar wird auch von externen Mattenfiltern berichtet, die aber ein zweites Nano-Filterbecken erfordern. Der ästhetische Aspekt auf dem Schreibtisch oder im Raumteiler bleibt hier ein wenig auf der Strecke. Ob Sie sich nun für einen Außen- oder einen Innenfilter entscheiden, die Leistung ist natürlich auch abhängig von den Filtermedien. Sie sollten sowohl grobes als auch feines Material einsetzen.

Die meisten Komplettsets enthalten einen Innenfilter, der für die Aquariengröße und die tierischen Bewohner maßgeschneidert ist. Wenn Sie sich als Garnelen- oder Minifisch-Züchter etablieren möchten, ist nur ein Innenfilter mit geringer Sogwirkung zu empfehlen. Hierbei handelt es sich um einen luftbetriebenen Innenfilter. Eine Luftpumpe mit einer maximalen Leistung von 50 l/h transportiert Luft aus der Umgebung über einen Schlauch in das Aquarium. Die Luftpumpe sollten Sie nicht drosseln, weil dadurch die Membranen zum Lufttransport porös werden. Durch einen Filterschwamm und über ein Steigrohr wird das Wasser mit den Luftblasen aus der Luftpumpe hinauftransportiert. Der Schlauch muss mit einem Rückschlagventil ausgestattet sein. Dieses Teil verhindert den Wasserfluss aus dem Aquarium in die Luftpumpe. Denn wenn sonst z. B. einmal nachts oder im Urlaub ein Stromausfall passiert und die Luftpumpe unter dem Niveau des Aquariums steht, würde ansonsten der Aquarieninhalt auf Ihr Laminat oder den Teppichboden fließen. Zugegeben, es passiert selten, aber Sie wollen es bestimmt nicht darauf ankommen lassen. Allerdings ist der Schaden, der bei diesem kleinen Wasservolumen auftritt, sicher nicht so groß wie bei einem Aquarium mit einer Kantenlänge von 120 cm. Sie haben sich mit dem Mini-Aquarium also auch in dieser Hinsicht richtig entschieden … Setzen Sie den luftbetriebenen Innenfilter der Anleitung entsprechend ein und halten Sie sich an die Vorgaben zum Tierbesatz des Aquariums. Dann werden Sie mit dem technischen Equipment keinerlei Probleme bekommen.

Das einfachste und älteste Prinzip der Filterung – auch für die Futtertierzucht ideal
Foto: Tetra GmbH

Bei Nano ist das Filtermaterial genauso groß wie die Antriebskammer.
Foto: Tetra GmbH

Ein Innenfilter mit spezieller Filterkammer für die Filtermaterialien befindet sich komplett im Wasser (s. Abb. 4, S. 30). Durch Ansaugöffnungen wird das Wasser mit Hilfe eines Flügelrades (Impellers) durch den Filter transportiert und über eine Auslassöffnung ins Aquarium zurücktransportiert. Die Filterkammer lässt häufig nur eine geringe Bestückung mit Filtermaterial zu, am besten verwenden Sie die vom Hersteller angegebenen.

Schwierig ist immer selbst ein kurzfristiger Überbesatz im Aquarium. Hierfür sind die meisten technischen Geräte in Komplettsets unterdimensioniert gewählt, und es kommt schnell zu einer Anreicherung an Nährstoffen, die eine Algenblüte nach sich zieht und damit eine Verschlechterung der Wasserqualität fördert. Setzen Sie also nicht zu viele Tiere ein.

Dann wären da noch die luftbetriebenen Bodenfilter oder Kies-Bodenfilter (s. Abb. 5) zu nennen. Bei ihnen wird über eine Membranpumpe Luft in ein Steigrohr eingebracht. Durch die Sogwirkung kann bei Bedarf über den gesamten Bodengrund gefiltert werden, der hierzu nicht zu grob sein und genügend Ansiedlungsfläche für Filterbakterien bieten sollte. Diese Methode eignet sich sehr gut für Ihr Nano-Aquarium und garantiert eine „sanfte" Filterung – ähnlich wie mit dem schon erwähnten luftbetriebenen Innenfilter. Es ist wichtig, dass die Durchflutung des Bodengrundes nicht zu stark ausfällt, denn sonst gelangt eine große Menge Sauerstoff in den Kies hinein, der verhindert, dass die für die Pflanzen notwendigen Nährstoffe bereitgestellt werden. Das Filtermaterial, also hier der Bodengrund, kann überdies nur oberflächlich gereinigt werden, weil sonst zu viele Filterbakterien entfernt würden. Wird ein luftbetriebener Bodenfilter mit geeignetem Bodengrund eingesetzt, ist keine weitere Filterung notwendig.

Lassen Sie mich nun die Niedervolt-Bodengrundheizung (s. Abb. 6) vorstellen. Diese besteht aus einem kunststoffisolierten Heizdraht, der mit Saugnäpfen spiralförmig auf dem Boden des Nano-Aquariums befestigt wird. Durch eine geringe Erhöhung der Bodentemperatur erreichen Sie eine langsame und permanente Durchströmung des Bodengrundes mit Nährstoffen und damit eine bessere Versorgung der Pflanzen. In Kombination mit einem Bodengrunddünger werden Sie sich lange an prächtigem Pflanzenwuchs erfreuen!

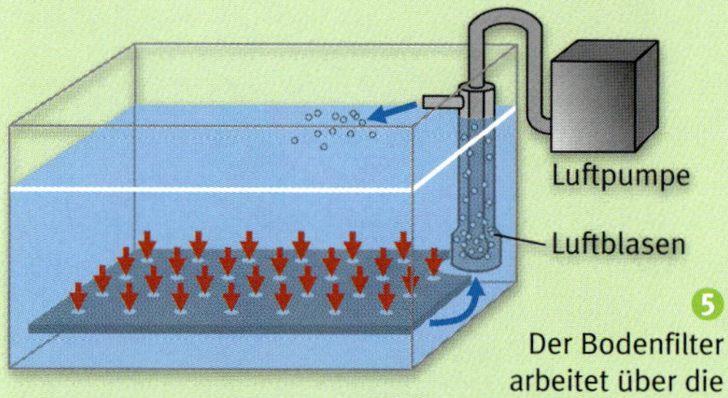

5 Der Bodenfilter arbeitet über die gesamte Grundfläche. Über das Steigrohr wird das vom Boden gefilterte Wasser wieder nach oben gefördert.

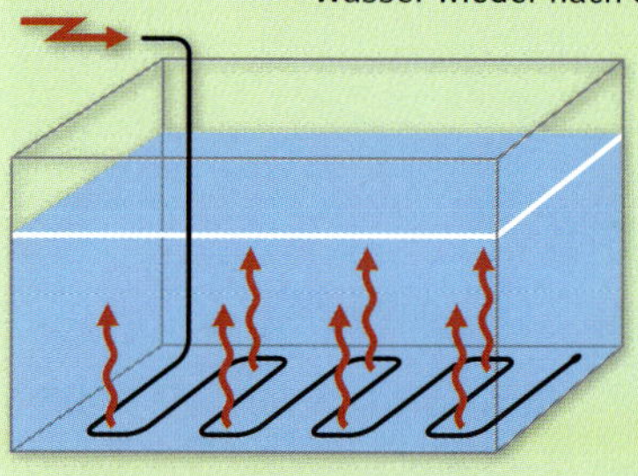

6 Die Boden - heizung macht den Pflanzen „warme Füße" und kurbelt so die Nährstoffversorgung an.

Tropische Wassertemperaturen erreichen Sie aber auch mit einer Bodenheizung nicht. Wenn Sie z. B. Garnelen von der indonesischen Insel Sulawesi in Ihr Nano-Aquarium einsetzen möchten, benötigen Sie zur Temperaturerhöhung auf 28–29 °C einen Reglerheizer. Auf der anderen Seite existieren viele Arten an Zwerggarnelen oder auch Minifischen, denen ein Temperaturbereich zwischen 20 und 22 °C ausreicht. Steht Ihre Nano-Welt also nicht gerade im Keller, erreichen Sie diese Wassertemperatur in Kombination mit der Beleuchtung in jedem Fall. Dann ist wiederum kein Reglerheizer notwendig.

In den Kapiteln über die Arten und den Beispielen zum Aquarienbesatz werde ich auf die Bedürfnisse der Tiere in dieser Beziehung näher eingehen.

Die Leistungsaufnahme eines Reglerheizers sollte 0,5 bis 1 Watt pro Liter Wasser betragen. Sobald Sie mit dem Wasser in Berührung kommen oder Teilwasserwechsel durchführen, müssen Sie die technischen Geräte außer Betrieb nehmen. Die Heizung sollte verdeckt mit Saugnäpfen neben dem Auslass des Filters an der Aquarienscheibe befestigt werden. Sie darf weder den Bodengrund noch die Pflanzen berühren! Manche Nano-Aquarien sind so niedrig, dass der Heizer nicht senkrecht installiert werden kann, aber es gibt Geräte, die man auch waagerecht befestigen darf. Sie müssen im Mini-Aquarium eine möglichst konstante Wassertemperatur anstreben, anders als in der Natur. Denn je mehr Faktoren Sie in Ihrer Miniwelt verändern, desto unberechenbarer sind aufgrund des geringen Wasservolumens die Auswirkungen.

Sicherheit geht vor

Achten Sie darauf, dass die Heizung eine Sicherheitsabschaltung besitzt. Wenn Sie vergessen, den Reglerheizer auszuschalten und der Wasserstand im Aquarium sinkt, könnte sich das Sicherheitsglas so stark erhitzen, dass es zerspringt. Dies verhindert die Sicherheitsabschaltung – und am besten sichert man die gesamte Technik des Beckens über einen FI-Schutzschalter.

Der Zwerghechtling (*Pseudoepiplatys annulatus*) ist häufiger direkt unter der Wasseroberfläche anzutreffen.
Foto: H.-G. Evers

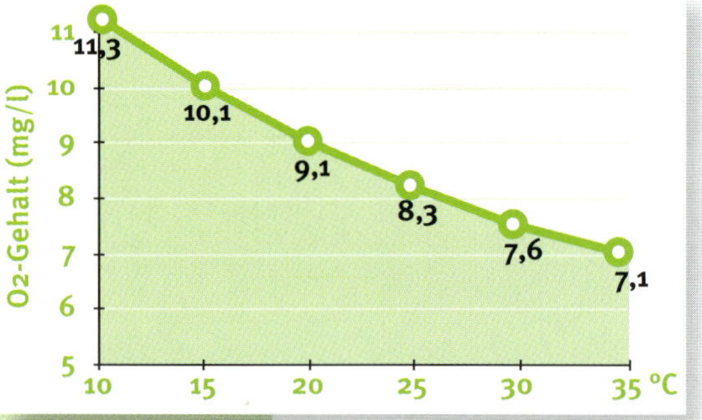

Die Sauerstoffsättigung, d. h. die maximale Menge an Sauerstoff im Wasser, ist abhängig von dessen Temperatur.

Folglich müssen Sie im Sommer darauf achten, dass sich das Aquarium nicht zu sehr aufheizt. Temperaturen zwischen 28 und 30 °C bewirken einen Sauerstoffmangel im Wasser, der für den Tierbesatz tödlich sein kann! Durch einen Tropfentest wird der Sauerstoffgehalt im Wasser bestimmt. Er darf einen minimalen Wert von 5 mg/l nicht unterschreiten. Abkühlen können Sie das Becken vorsichtig durch Teilwasserwechsel mit kühlerem Leitungswasser und Kühlakkus auf der Wasseroberfläche. Die Temperatur erfassen Sie mit einem kleinen Aquarienthermometer. Es gibt im Fachhandel eine große Auswahl an sowohl analogen als auch digitalen Temperaturmessern. Diese werden möglichst unauffällig, aber an einem einfach einzusehenden Platz an der Glasscheibe angebracht.

Licht

Kommen wir zum Licht. Einige Leser schlagen jetzt vielleicht die Hände über den Kopf zusammen, weil das Licht immer als sehr problematisch angesehen wird. Viele Fachbücher werfen Ihnen Begriffe wie Lichtspektrum oder Lichtstärke in Lux sowie Lichtstrom in Lumen an den Kopf! Ich möchte das Thema Beleuchtung unkompliziert halten, aber gleichzeitig Definitionen aller Begriffe liefern.

Häufig wird die Lampe bei „Nano“ oben aufgesteckt.
Foto: O. Deters

Fangen wir mit der Lichtfarbe an. In der Natur schwankt sie je nach Tageszeit zwischen 3.000 und 6.000 Kelvin (K). 5.600 K sind für ein Süßwasser-Aquarium optimal. Durch die Wassertiefe, auch wenn sie nur 10 oder 20 cm beträgt, wird dieser Wert verringert. Weil Sie wahrscheinlich sehr lichtbedürftige Pflanzen wie Moose in Ihre Nano-Welt einsetzen, empfehle ich Ihnen für Ihr Mini-Aquarium die Farbtemperatur von 5.600 Kelvin.

Die Lichtstärke erreicht in der Natur ca. 100.000 Lux an der Wasseroberfläche. Mit den handelsüblichen Beleuchtungskörpern für ein Nano-Aquarium erreichen wir das sicher nicht. Aber auch in der Natur gibt es tageszeitliche und jahreszeitliche Schwankungen, sodass Sie mit der verringerten Lichtstärke für Ihr doch so kleines Mini-Aquarium zurechtkommen.

Nun der Lichtstrom. Im Zusammenhang mit der Wattaufnahme kann hier die Wirtschaftlichkeit einer Lampe berechnet werden. Eine Tageslicht-Leuchtstofflampe besitzt einen Lichtstrom von 55–75 Lumen (lm) pro Watt Energieaufnahme. Ein Liter Wasser sollte mit mindestens

Für prächtiges Pflanzenwachstum ist ausreichend Licht unabdingbar.
Foto: H.-G. Evers

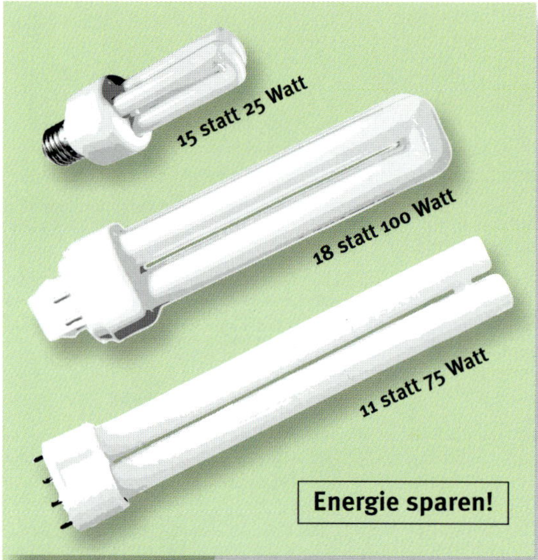

Sparlampen mit geeigneten Fassungen bieten Ihrem Nano-Aquarium eine gute und preisgünstige Beleuchtung.

30–50 lm beleuchtet werden. Für ein 20-l-Nano-Aquarium benötigen Sie also zwischen 600 und 1.000 Lumen. Die Effizienz einer Leuchtstoffröhre ist sehr hoch, wenn man diese Beleuchtungsart mit einer einfachen, fast schon ausgestorbenen Glühlampe vergleicht. Diese besitzt nämlich nur 7 lm/W. Daher sind solche Birnen nicht für Ihr Aquarium geeignet!

Steht auf der Verpackung der Lampe für Ihr Mini-Aquarium nur die Wattzahl, lautet die Faustformel: 0,5 Watt pro Liter Wasser. Moose gehören zu den sehr lichtbedürftigen Pflanzen, weil sie in der Natur nahe der Wasseroberfläche gedeihen. Daher ist es zu empfehlen, mit Moosen bepflanzte Becken sogar mit ca. 2 Watt pro Liter Wasser zu beleuchten. Hiermit haben Sie schon einmal Richtwerte. Es geht weiter mit der Beleuchtungsdauer: 10–12 Stunden sind gutes Mittelmaß. Alle Pflanzen benötigen mindestens so viel Licht, damit sie in der Nacht ausreichend Sauerstoff für ihre Atmung zur Verfügung haben. Hierbei handelt es sich um den sogenannten Lichtkompensationspunkt. Bei sehr lichtbedürftigen Pflanzen wie *Hydrocotyle verticillata* und *Lilaeopsis brasiliensis* muss die Lichtintensität sehr hoch sein, damit sie ihren eigenen Sauerstoffbedarf decken, sonst gehen sie nach kurzer Zeit ein. Es kann sein, dass der Lichtkompensationspunkt einer Pflanzenart durch Trübstoffe im Wasser heraufgesetzt wird, dass also mehr Lichtintensität als in der Natur erforderlich ist. Benutzen Sie eine Zeitschaltuhr für regelmäßige Lichtverhältnisse – es gibt auch funkbetriebene, die bei Stromausfällen und Zeitumstellungen wartungsfrei sind.

Welches Licht sollte es sein? Weißes Tageslicht, auch als Vollspektrumlicht bezeichnet. Pflanzen, die nahe der Wasseroberfläche wachsen, nutzen das rotwellige Licht für die Fotosynthese. Speziell blauwelliges Licht sollte vermieden werden, es erreicht in der Natur nur tiefere Wasserschichten, die für die Pflanzen nicht ausschlaggebend sind. Und gerade in der Startphase Ihres Nano-Aquariums würden Blaualgen gefördert, da die heranwachsenden Pflanzen keine Konkurrenz bieten. Deshalb müssen Sie Ihr Nano-Aquarium üppig bepflanzen. Zugegeben, das sind nur wenige Angaben. In erster Linie möchten wir hiermit gutes Pflanzenwachstum anregen, den tierischen Lebewesen das Gefühl eines natürlichen Tag/Nacht-Rhythmus bieten und Algen vorbeugen. Es gibt aber keine optimale Beleuchtung gegen Algen! Auch hier gilt wieder der Grundsatz für die Aquaristik: Regelmäßige Pflege und sofortiges Einschreiten gegen Algenwachstum sind das A und O. Besitzen Sie ein

LED-Leuchten

LED-Leuchten dienen zurzeit selten als einzige Aquarienbeleuchtung, da eine beträchtliche Menge benötigt wird, um eine ausreichende Lichtintensität zu erreichen. Somit ist diese Lösung zu kostenintensiv. Daher werden sie größtenteils eingesetzt, um Mondlichtphasen oder Dämmerungslicht zu imitieren. LED-Leuchten sind sehr energiesparend, und vielleicht werden sie irgendwann die Kompaktleuchtstoffröhren ablösen und den Aquarienpflanzen Vollspektrumlicht für die Fotosynthese bieten.

Komplettset, ist die Beleuchtung im Deckel des Wasserbeckens häufig integriert. Durch ständiges Aufheizen der Leuchtstofflampe im Deckel verkürzt sich ihre Lebensdauer in Bezug auf das Vollspektrumlicht. Nach einem halben Jahr gibt sie nur noch 50 % ihres Spektrums ab. Sie sollte dann schon ausgetauscht werden.

Anders sieht es bei einzeln gekauften Glasbecken aus: Sie besitzen weder Deckel noch Lampe und müssen nachträglich damit ausgestattet werden. Hierfür gibt es im Fachhandel Klemmleuchten, die an der Glasscheibe befestigt werden. Die Lampen sind häufig mit einer Steckfassung ausgestattet (G23). Als Alternative und Highlight dient eine Deckenleuchte mit einer E27-Schraubfassung für eine Energiesparlampe über einem runden Nano-Aquarium. Manchmal ist es auch die einfache Schreibtischlampe, die für ein Kleinst-Aquarium Licht spendet. Noch ein wichtiger Sicherheitsaspekt hierzu: Alle Leuchten müssen nach den technischen Vorschriften spritzwasserdicht sein oder mindestens in einer Entfernung platziert werden, dass sie niemals mit Wasser in Berührung kommen können.

Bei der Auswahl des Leuchtmittels sollten Sie eine Energie sparende Lampe möglichst mit einem Reflektor wählen, ohne den ca. 30 % des Lichts im Beleuchtungskörper verloren gehen. Ein Reflektor ist daher Pflicht!

Zusätzliche Technik

Kommen wir nun zum „extravaganten Equipment“, das Ihnen sicher mehr Zeit und intensive Beschäftigung abverlangt. Mit zusätzlicher Technik haben Sie eben auch zusätzliche Arbeit. Ausreichend Kohlendioxid wird in der Regel nicht nur durch den Gasaustausch zwischen dem Wasser und der Luft über die Wasseroberfläche eingetragen, sondern auch durch die Atmung aller Lebewesen, die sich in der Miniwelt befinden. Es gibt Situationen, in denen zu wenig Kohlendioxid im Wasser vorkommt, z. B. wenn das Wasser sich zu stark bewegt. Eine CO_2-Düngeapparatur kann dann zusätzlich Kohlendioxid eintragen. Durch CO_2-Düngung wachsen Aquarienpflanzen zunächst einmal grundsätzlich besser. Das einfachste Prinzip ist die alkoholische Gärung. Hierbei wird Bäckerhefe in Wasser gelöst und mit Zucker „gefüttert“. Mehr oder weniger reines CO_2 wird dann ins Aquarium transportiert. Durch Hefe-Gärung können viele Wasserpflanzen aus ihrem Dornröschen-Schlaf aufgeweckt werden, aber nicht im Mini-Aquarium! Da diese Form der CO_2-Düngung nicht kontrollierbar ist, rate ich den Nano-Aquarianern auf jeden Fall davon ab. Die Pflanzen könnten sehr stark wachsen, und ein Zuviel an CO_2 hat für die tierischen Bewohner eines Aquariums schwer wiegende Folgen. Eine früher häufig eingesetzte Art der CO_2-Düngung ist der Einsatz

Die hier installierte Nano-CO_2-Düngeanlage soll das Pflanzenwachstum beschleunigen.

kohlensäurehaltigen Wassers, also von Sprudel. Auch diese Form ist nicht kontrollierbar. Der Mineralstoffanteil ist zu hoch, und die Kohlensäure führt zu irreparablen Verätzungen bei den Tieren. Außerdem hebt Kohlendioxid in höherer Konzentration den reflektorischen Atemreiz auf: Es kommt zum Atemstillstand bei den Tieren. Mit der CO_2-Düngung dürfen Sie also nicht herumexperimentieren. Setzen Sie also nur die hochwertigen Geräte ein, die für die Nano-Aquaristik entwickelt wurden. Verwenden Sie eine spezielle CO_2-Apparatur, wenn Ihr Aquarienwasser von Natur aus einen pH-Wert über 7,5 hat und der Tierbesatz es zulässt. Ein Mehr an CO_2 zieht auch immer einen höheren Nährstoffbedarf bei den Pflanzen nach sich. Es ist häufig schwierig, ein ausgewogenes Verhältnis zwischen Nährstoffgabe durch Düngemittel, Kohlendioxid-Zufuhr und intensive Beleuchtung zu schaffen. Schon oft trat nach einem anfänglichen üppigen Pflanzenwachstum nach kurzer Zeit eine Degeneration der Wasserpflanzen inklusive einer Algenblüte ein.

Extravagantes Equipment

Eine pH-Elektrode zur Messung des Säuregehaltes im Wasser zählt ohne Zweifel zum extravaganten Equipment. Hierbei handelt es sich um eine Glaselektrode, die vor der Messung mit Hilfe von mindestens zwei Eichlösungen mit definierten pH-Werten kalibriert wird. Dann wird der pH-Wert in dem zu testenden Aquarienwasser gemessen. Für die Erfahrenen unter Ihnen, die eine Reihe an Aquarien im Keller stehen haben, ist dieses Gerät ein Muss. Für den Einsteiger dagegen ist es einfach zu kostenintensiv und nicht zu rechtfertigen. Zur Überprüfung des pH-Wertes in einem Nano-Aquarium dienen Teststreifen oder auch Tropfentests aus dem Fachhandel.

Wie können Sie saures Wasser herstellen, wie es von manchen Lebewesen benötigt wird? Mit der schon beschriebenen CO_2-Düngung oder der Zugabe von sehr weichem Wasser. Dieses stellt eine Umkehrosmose-Anlage her, indem sie dem Wasser Mineralsalze und Schadstoffe entzieht. Zunächst wird das Wasser über einen Feinfilter und über Aktivkohle geschickt, so wird es von verschmutzenden Partikeln befreit. Mit Hilfe einer semipermeablen Membran und durch Druck wird das Wasser dann ionenfrei. Durch Spülwasser werden die Ionen aus der Umkehrosmoseanlage entfernt. Je nach Verschmutzungsgrad und Salzgehalt des Wassers wird hierzu die drei- bis vierfache Menge an Wasser eingesetzt als die Menge, die Sie am Ende erhalten. Gut, für die Nano-Aquaristik ist das kein hoher Wasserverbrauch, aber die Anschaffung einer solchen Anlage rechnet sich wiederum erst, wenn Sie das Leitungswasser permanent mit weichem Wasser verschneiden müssen und mehrere Nano-Aquarien besitzen. Für geringe Mengen verwenden Sie besser destilliertes Wasser aus dem Kanister.

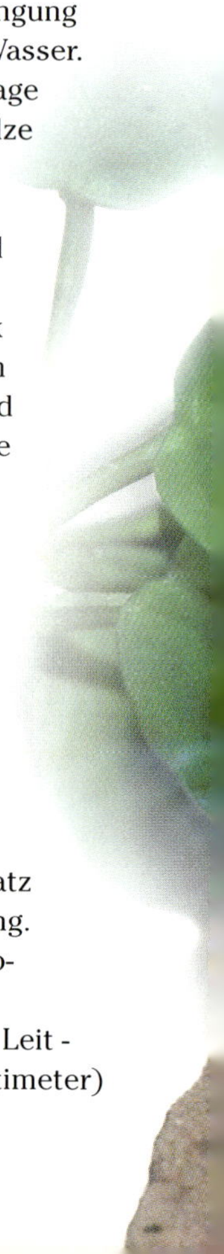

Auch Ionenaustauscherharze, die z. B. mit Natriumionen beladen sind und diese gegen Kalziumionen aus dem Wasser austauschen, können das Wasser enthärten. Im Anschluss muss der Ionenaustauscher regeneriert werden, und dies erfordert den Einsatz von Chemikalien wie Salzsäure oder einer wässrigen Kochsalzlösung. Deren Handhabung ist nicht gerade einfach. Für ein einzelnes Nano-Aquarium ist diese Apparatur daher nicht lohnend.

Profis überprüfen mit Hilfe eines Messgerätes die elektrische Leitfähigkeit des Wassers. Diese wird in µS/cm (Mikrosiemens pro Zentimeter) angegeben und gibt sowohl Aufschluss über die Menge an Härtebildnern und weiteren mineralischen Salzen als auch die an organischen Stoffen, die das Wasser belasten. Auseinander halten kann man die „guten" geladenen Teilchen von den „schlechten" aber nicht. Das heißt, die gemessene Leitfähigkeit sagt nichts über die Qualität der gemessenen Substanzen aus, denn auch Düngemittel oder Salze werden erfasst. Daher empfehle ich Ihnen, erst einige Tage nach der Düngung die elektrische Leitfähigkeit zu testen. Je konstanter der Wert ist, desto besser. Wenn Sie eine große Differenz zwischen den einzelnen Messungen sehen, sollten Sie mehr Pflege z. B. durch Teilwasserwechsel investieren. Das Messgerät ist aber kein Muss. Ein wöchentlicher Teilwasserwechsel ist ohnehin nötig – dieses Gerät rechnet sich im Verhältnis zu einem Mini-Aquarium nicht. Es sei denn, aus einem Nano-Becken werden zwei, dann drei, vier ...

Ein weiteres technisches Produkt ist der UV-C-Entkeimer. Dieses Gerät wird in der Regel nach einem Außenfilter außerhalb des Aquariums installiert. Im Inneren befindet sich eine UV-C-Lampe in einer Quarzglasröhre. An dieser entlang strömt das Wasser, und darin enthaltene Mikroorganismen und auch Algen sowie deren Sporen werden unschädlich gemacht. Einen dauerhaften Betrieb dieses Gerätes an einem Nano-Aquarium möchte ich Ihnen jedoch nicht empfehlen, denn dadurch würden die Mikroorganismen reduziert, die als Nahrung für die Aquariumbewohner wie Zwerggarnelen oder Fächergarnelen dienen. Auch das mit Minifischen besetzte Kleinst-Aquarium benötigt bei guter Pflege kein UV-C-Gerät. Das UV-Licht zerstört außerdem die Chelate, die Sie durch Dünger in Ihre Nano-Welt hineingeben, sodass die Nährstoffe den Pflanzen nicht mehr zur Verfügung stehen.

Ach ja, und dann sind da noch die Futterautomaten, die natürlich auch zum technischen Equipment gezählt werden. Mal ehrlich, ist es nicht das Schönste in der Aquaristik, die Tiere bei der Fütterung zu beobachten, Unterschiede in

Zwerggrundeln, hier *Chlamydogobius eremius*, sind nicht allzu häufig in Fachgeschäften anzutreffen.
Foto: H.-G. Evers

Die hier eingesetzte Wasserpflanze *Vallisneria nana* schafft sehr schöne Licht-Schatten-Reflexe in Ihrem Mikrokosmos.
Foto: B. Kaufmann

der Nahrungsaufnahme oder sogar Vorlieben einiger Tiere in der Auswahl ihres Futters zu erkennen? Damit wäre das Thema wohl erledigt. Was Sie für die Urlaubszeit machen? Den Nachbarn mit Hilfe einer guten Flasche Rotwein in die Nano-Aquaristik einweihen!

Das Wasser: beruhigt die Sinne

Wenn wir von Wasser reden, haben wir das Bild einer klaren, transparenten Flüssigkeit vor Augen, die immer gleich aussieht. Ist also das Wasser in ihrem Becken klar, verleitet das viele Aquarianer zur Annahme, damit sei alles „im grünen Bereich“. Auch wenn das Wasser „gut aussieht“ und nicht riecht, können trotzdem die Wasserparameter für den Tierbesatz im Aquarium nicht günstig sein. Daher möchte ich in diesem Kapitel die wichtigsten Wasserwerte und die Zusammenhänge zwischen ihnen näher beschreiben. Keine Angst, zum Verständnis müssen Sie kein Chemie-Vordiplom besitzen. Für Anfänger, aber auch für Experten, die sich bisher jedoch eher mit Tierarten und deren Verbreitung als mit der Wasseranalytik beschäftigt haben, empfehle ich diese Ausführungen unbedingt, weil nicht nur die Kenntnis über die Vielfalt des Lebens, sondern auch über dessen Abhängigkeit von gewissen Umweltfaktoren zum Erfolg in der dauerhaften Pflege Ihrer Tiere beiträgt.

Das Leitungswasser, das Sie in der Regel für Ihr Aquarium einsetzen, hat Trinkwasserqualität. Die Wasserwerke kontrollieren nicht nur das Wasser selbst, sondern auch regelmäßig die Zuleitungen zu den Häusern. Denn hier besteht die größte Gefahr der Verunreinigung. Die Rohrleitungen im Haus unterliegen der Kontrolle des Eigentümers. Sind sie älter und mit einer weißen Kalkschicht im Inneren überzogen, sind sie ideal für Ihr Aquarium. Handelt es sich allerdings um neue Rohrleitungen oder sind Sie sogar Besitzer eines neu installierten Heißwasser-Boilers, könnten sich Bestandteile des Rohrsystems wie Kupfer in geringen Mengen im Wasser lösen. Was für den Menschen völlig ungiftig ist, kann für die Aquarienbewohner tödlich sein.

Kupfergehalt im Wasser testen

Wenn Sie Ihr Wasser auf das Metall Kupfer hin testen, sollte das Resultat einen Wert von 0,1 mg/l nicht überschreiten. Wenn das Schwermetall nachweisbar ist, sollten Sie einen qualitativ hochwertigen Wasseraufbereiter aus einem Zoofachgeschäft verwenden, der Schwermetalle bindet.

Landwirtschaftliche Nutzung des Grundwassers und die industrielle Verschmutzung der Oberflächengewässer führen in Ihrer Nano-Welt leicht zu einer Überdüngung durch Nitrat oder Phosphat. Die Pflanzen in Ihrem Kleinst-Aquarium bereiten das Wasser auf, weil sie das Wasser klären, ihm Nitrat und Phosphat als Algennährstoffe entziehen und es mit Sauerstoff anreichern. Zusammenfassend kann man sagen, dass Pflanzen die Natürlichkeit in eine Unterwasserumgebung hineinbringen. Verzichten Sie daher nicht auf echtes „Grünzeug“, wenn es der Tierbesatz zulässt. Ich empfehle Ihnen, von künstlichen Pflanzen Abstand zu nehmen, denn die sind nur Ansiedlungsfläche für Algen.

Unser Trinkwasser wird mit Ozon desinfiziert. Jedes Ozon-Molekül besteht aus drei Sauerstoffatomen, und wenn es mit einem Bakterium in Kontakt kommt, das sich im Wasser befindet, spaltet sich ein Sauerstoff-

Atom ab und „verbindet sich“ mit dem Bakterium, das dadurch außer Gefecht gesetzt wird. Als Abfallprodukt bleibt bei dieser Desinfektionsart Sauerstoff übrig, daher ist sie sehr umweltverträglich. Manchmal wird aber die Chemikalie Chlor unterstützend eingesetzt. Wenn Sie Teilwasserwechsel durchführen, benutzen Sie am besten temperiertes Wasser – das ist nicht nur sinnvoll für die wechselwarmen Tiere, sondern erleichtert auch die Chlorabgabe in die Umgebungsluft. Kaltes Wasser verzögert die Chlorfreisetzung.

Abgestandenes Wasser benutzen

Wenn Sie auf Nummer sicher gehen möchten, lassen Sie das Leitungswasser einige Tage stehen oder verwenden einen Wasseraufbereiter eines namhaften Herstellers, denn der bindet nicht nur Kupfer, sondern reduziert auch Chlor, das aus dem Wasserhahn austritt.

Sind Sie ein erfahrener Aquarianer, befüllen Sie Ihr Aquarium vielleicht mit Quellwasser. Dieses kann einen sehr hohen Anteil an chelatiertem Eisen bieten, das den Wasserpflanzen als wichtiger Nährstoff dient. Hier rate ich Ihnen aber auf jeden Fall, ein chemisches Institut mit der Überprüfung der Wasserqualität zu beauftragen! Andere Wässer wie Regenwasser oder Brunnenwasser sind pur für die Nano-Aquaristik weniger geeignet. Brunnenwasser ist häufig mit Mangan angereichert und in ländlichen Regionen durch die Einsatzmittel der Landwirtschaft beeinflusst. Eine professionelle Wasseranalyse, die von den Stadtwerken angeboten wird, kann Aufschluss über die Qualität des Wassers geben, allerdings kann sich diese saisonabhängig verändern. Regenwasser macht schön, so heißt es, weil es sich hierbei um sehr weiches Wasser mit einem geringen pH-Wert handelt. Genau deswegen wird es von Diskuszüchtern oder auch Aquarianern eingesetzt, die sich auf Salmler spezialisiert haben. Und auch Sparfüchse sind von der hohen Qualität des Regenwassers überzeugt. Regenwasser führt aber Partikel aus der Luft mit und bringt Substanzen vom Dach, aus der Dachrinne und der Zisterne oder Regentonne, die sich in der Trockenzeit angesammelt haben, mit ein. Hierbei handelt es sich um Pollen oder Schmutzpartikel, die das empfindliche kleine Gleichgewicht im Mini-Aquarium stören, da sie das Wasser überdüngen. Außerdem werden Stoffe hineintransportiert, die die Luft in industriellen Regionen verschmutzen. Wenn also andere Wässer eingesetzt werden als das Trinkwasser, sollte über Kohle gefiltert werden. Diese adsorbiert einen Großteil der Schadstoffe, sogar Chlor, und bereitet das Wasser für die Aquaristik auf. Aktivkohle wird hergestellt aus Braun- und Steinkohle sowie Torf oder Holz und auch Kunststoffen und erhält durch ihre feinen Poren eine riesige Oberfläche – bei 4 g entspricht diese der Fläche eines Fußballfeldes. Während Sie vielleicht einmal die altbewährte medizinische Kohle in Komprettenform kennen lernen mussten, wird Aktivkohle in der Aquaristik nur in Granulatform oder als Pellet eingesetzt. Aktivkohle kann im eigenen Haushalt nicht reaktiviert werden, hierzu ist eine starke Erhitzung notwendig. Deswegen ist sie nach einem Zeitraum, den der Hersteller angibt, zu entsorgen.

Vielleicht werden Sie sich dieses Kapitel nicht nur einmal, sondern mehrmals durchlesen, um die Begrifflichkeiten und Zusammenhänge zu verstehen. Herzlichen Glückwunsch, Sie sind auf dem besten Weg, ein tüchtiger Nano-Aquarianer zu werden, der sich nicht nur auf andere und deren Meinungen verlässt, sondern eigenständig für ein biologisches und tech-

nisches Gleichgewicht im Aquarium sorgt und somit den auftretenden Problemen wie Algen oder Fischtod aus dem Wege geht. Frei nach dem Sprichwort: „Vorbeugen ist besser als Heilen" sollten Sie auch die nachfolgenden Abschnitte beachten.

Sie werden sich fragen, welchen Säuregehalt (pH-Wert) des Wassers Sie für Ihren Tierbesatz einstellen müssen. Leider oder glücklicherweise haben

Ist das Wasser trüb, sollte nach der Ursache geforscht werden. Dazu gehört u. a. auch ein Wassertest.
Foto: B. Kaufmann

Sie sich für ein Hobby entschieden, das man nicht pauschalisieren kann. Es gibt unendlich viele Möglichkeiten, innerhalb derer Sie die Ausgangsbedingungen wie Wasserwerte, Lichteinfall und die Gaszusammensetzung auf die individuellen Bedürfnisse der Tiere und Pflanzen abstimmen müssen. Halten Sie sich an die Vorgaben am Ende des Buches. Die dort angegebenen Richtwerte entsprechen den natürlichen Bedingungen. Der pH-Wert 7, also der Neutralpunkt, wird häufig als der geeignetste Wasserwert angesehen. Das mag auf die meisten Fisch- und Wirbellosen-Arten zutreffen, es gibt aber Ausnahmen. Nur ein Beispiel ist der Schmetterlingsbuntbarsch (*Mikrogeophagus ramirezi*), der eine Endgröße von 4,5 cm erreicht und einen pH-Wert von 6,5 bevorzugt. Er kann in einem 54-l-Aquarium mit weiteren kleinen und friedfertigen Tierarten vergesellschaftet werden, die gleiche Wasserparameter bevorzugen. Häufig werden in der Aquaristik Tiere vergesellschaftet, die sowohl sehr unterschiedliches Verhalten zeigen als auch aus unterschiedlichen Lebensräumen mit verschiedenen Umweltbedingungen stammen. Leider können sich die Tiere oft nur für einen kurzen Zeitraum auf ungeeignete Wasserwerte einstellen, die Lebensspanne wird deutlich reduziert, und die Aquarianer haben häufig mit Zierfischkrankheiten zu kämpfen, da das Immunsystem der Fische leidet, wenn sie permanent gegen für sie ungünstige Umweltbedingungen anzukämpfen haben. So sieht man manchmal beispielsweise, dass Neonsalmler (*Paracheirodon innesi*) mit Guppys (*Poecilia reticulata*) vergesellschaftet werden. Der Neon wird heutzutage vielfach nachgezüchtet, stammt aber ursprünglich aus dem Oberlauf des Amazonas, wohingegen der Guppy ein Venezolaner ist, aus der Region nördlich Amazoniens kommt und im Gegensatz zum Neon alkalische pH-Werte bevorzugt. Dieser Fisch hat sich in vielen warmen Gewässern der

Der pH-Wert des Wassers

Vielleicht wissen Sie schon, was die Abkürzung pH bedeutet: pondus Hydrogenii oder potentia Hydrogenii (Gewicht bzw. Kraft des Wasserstoffs). Gemeint ist damit die Wasserstoff-Ionen-Konzentration im Wasser. Werte unter 7 bezeichnen eine saure Lösung, der pH-Wert 7 ist neutral, und pH-Werte über 7 werden als alkalisch oder basisch bezeichnet.

Nur bei geeigneten Wasserwerten fühlen sich Tiere wohl und zeigen es z. B. durch natürliche Farbenpracht
Foto: H.-G. Evers

Erde ausgebreitet, ist sehr robust, daher dominiert er häufig und verdrängt den Neonsalmler im Aquarium. Es ist nicht möglich, beiden Fischarten den optimalen Lebensraum in einem Aquarium zu bieten.

Wenn Sie den pH-Wert betrachten, sollten Ihnen immer auch gleich zwei weitere Wasserwerte in den Sinn kommen: die Karbonathärte (KH) und der Kohlendioxid-Gehalt (CO_2). Betrachten wir zunächst die KH. Sie ist ein Puffersystem des pH-Wertes, daher sollte sie ein Mindestmaß von 3 °dH (deutsche Härte) aufweisen. Ein Puffer hat die chemische Eigenschaft, eine geringe Zugabe von einer Säure oder einer Base in eine Lösung aufzufangen, sodass sich der pH-Wert kaum sichtbar verändert. Sie sollten immer eine Karbonathärte zwischen 3 und 8 °dH anstreben. Eine geringe Wasserhärte unter 3 °dH kann dazu führen, dass der pH-Wert nicht gepuffert ist und sich damit innerhalb kurzer Zeit verändert. Man spricht von einem Säuresturz, weil sich der Wasserwert oft im sehr sauren Bereich einpendelt. Die schnelle Veränderung kann für alle tierischen Bewohner tödlich sein. Zur Erhöhung der Karbonathärte setzen Sie Kalziumkarbonat ein. Verändern Sie die Wasserwerte immer über 2–3 Tage hinweg, damit sich die Tiere langsam an die veränderten Umweltbedingungen anpassen können. Den Karbonatwert senken müssen Sie, wenn die KH im Leitungswasser sehr hoch ist, Sie aber Nano-Tiere einsetzen möchten, die eine geringere Karbonathärte bevorzugen. Eine Möglichkeit, die KH zu senken, ist das Mischen des Trinkwassers mit destilliertem oder

Darstellung der Wechselbeziehungen zwischen CO_2, KH und pH. Der grün markierte Bereich ist das Optimum.

°KH (°dH)	CO2-Konzentration in mg/l														
1	347	108	34	19	11	6	3	2	1	1	0,3	0,2	0,1	0,1	0,1
2	669	209	66	37	21	12	7	4	2	1	0,7	0,4	0,2	0,1	0,1
3	981	308	97	55	31	17	10	5	3	2	1,0	0,5	0,3	0,2	0,1
4	1284	404	128	72	40	23	13	7	4	2	1,3	0,7	0,4	0,2	0,1
5	1581	498	157	88	50	28	16	9	5	3	1,6	0,9	0,5	0,3	0,1
6	1873	590	186	105	59	33	19	10	6	3	1,8	1,0	0,6	0,3	0,2
7	2159	681	215	121	68	38	21	12	7	4	2,1	1,2	0,7	0,4	0,2
8	2440	770	243	1437	77	43	24	14	8	4	2,4	1,3	0,7	0,4	0,2
9	2718	858	271	152	86	48	27	15	9	5	2,7	1,5	0,8	0,5	0,2
10	2992	944	298	168	94	53	30	17	9	5	3,0	1,6	0,9	0,5	0,3
11	3262	1030	325	183	103	58	33	18	10	6	3,2	1,8	1,0	0,5	0,3
12	3529	1114	352	198	111	63	35	20	11	6	3,5	1,9	1,1	0,6	0,3
13	3793	1198	379	213	120	67	38	21	12	7	3,7	2,1	1,1	0,6	0,3
14	4054	1280	405	227	128	72	40	23	13	7	4,0	2,2	1,2	0,7	0,4
15	4312	1362	430	242	136	76	43	24	14	8	4,2	2,4	1,3	0,7	0,4
16	4568	1443	456	256	144	81	46	26	14	8	4,4	2,5	1,4	0,8	0,4
17	4820	1523	481	271	152	86	48	27	15	8	4,7	2,6	1,5	0,8	0,4
18	5072	1602	506	285	160	90	51	28	16	9	5,0	2,8	1,5	0,9	0,4
19	5320	1681	531	297	168	94	53	30	17	9	5,2	3,0	1,6	0,9	0,5
20	5566	1758	556	313	176	99	56	31	17	10	5,5	3,0	2,0	1,0	0,5
pH-Wert	**5,00**	**5,50**	**6,00**	**6,25**	**6,50**	**6,75**	**7,00**	**7,25**	**7,50**	**7,75**	**8,00**	**8,25**	**8,50**	**8,75**	**9,00**

Osmose-Wasser anhand des im Folgenden erklärten Mischungskreuzes. Wenn Sie eine Karbonathärte von 8 °dH anstreben, das Leitungswasser aber eine KH von 18 °dH aufzeigt, ziehen Sie die gewünschte KH von der vorhandenen ab (18 minus 8), sie erhalten 10. Setzen Sie dann für ein Nano-Aquarium 10 Teile destilliertes oder Osmose-Wasser ein und 8 Teile (weil gewünschte KH = 8 °dH ist) Leitungswasser. Enthält das Aquarium also 54 l Wasser, nehmen Sie 30 l Osmose-Wasser und 24 l Leitungswasser. Achten Sie bei Teilwasserwechseln auf konstante Parameter. Den pH-Wert senken Sie, indem Sie wie bereits im Kapitel „Die Technik“ erklärt mit Kohlendioxid düngen. Die Karbonathärte wird auch als das Säurebindungsvermögen (SBV) bezeichnet. Je höher die KH ist, desto mehr Kohlensäure wird im Wasser gebunden. Umgekehrt sorgt ein hoher Anteil an Kohlensäure dafür, dass das Hydrogenkarbonat, das die Karbonathärte ausmacht, nicht als sogenannter Kesselstein oder chemisch gesagt als Karbonat ausfällt. Hässliche Kalkränder an den Glasscheiben und dem technischen Equipment wären die Folge.

Und hier noch eine Zusammenfassung der Wechselbeziehungen zwischen der Karbonathärte, dem pH-Wert und dem CO_2-Gehalt: Hat das Wasser einen pH-Wert von 7, sind die Mengen an Kohlensäure und Hydrogenkarbonat ausgeglichen, die Pufferung des pH-Wertes ist hier ideal. Deswegen wird solches Wasser auch häufig als optimales Aquarienwasser bezeichnet – wobei aber natürlich zu berücksichtigen ist, dass nicht alle für das Nano-Aquarium geeigneten Tiere dieselben Ansprüche stellen. Wasser mit einem pH-Wert unter 6 ist sehr kalkarmes Wasser. Dieses herrscht beispielsweise im Amazonasgebiet im sogenannten Schwarzwasser vor, in dem pH-Werte bis hinunter zu 3,8 existieren. In diesen Gewässern ist der Anteil an Huminsäuren sehr hoch, was den pH-Wert auf solch extrem saure Verhältnisse absenkt. Karbonate spielen hier nur eine Nebenrolle, Kalk ade! Die andere Seite zeigen pH-Werte über 9. In diesem Wasser ist so gut wie kein Kohlendioxid mehr vorhanden, Hydrogenkarbonat liegt demnach nicht in Lösung vor, sondern Kalk fällt aus. Durch nachträgliche Zugabe von CO_2 wird dieser wieder gelöst. Ich empfehle Ihnen, gerade als Anfänger anspruchslose Pflanzen und Tiere zu vergesellschaften oder wenigstens solche Lebewesen einzusetzen, die sich mit den Wasserwerten, die in Ihrer Region im Trinkwasser vorherrschen, arrangieren können, denn so sind Sie dauerhaft erfolgreich!

Was ist eigentlich Brackwasser? Der Salzgehalt sowie der Mineralien- und Spurenelementanteil dieses Wassertypus ist höher als im Süßwasser,

Ein assimilierender *Riccia*-Rasen
Foto: O. Knott

aber geringer als im Meerwasser. Tiere aus solchen küstennahen Gewässern passen sich an die periodisch stark schwankenden Salzvorkommen an. Es gibt nur einige wenige Wasser- oder Sumpfpflanzen, wie *Cryptocoryne ciliata* (Bewimperter Wasserkelch) oder *Lilaeopsis brasiliensis* (Brasilianische Graspflanze), die im Brackwasser überleben.

Lassen Sie uns über die wichtigen biochemischen Prozesse sprechen, die in der Natur in sehr großem Umfang stattfinden und in einer Miniwelt wie dem Nano-Aquarium im kleinen Maßstab ablaufen. Diese fasst man zusammen unter dem Namen Stickstoffkreislauf oder Nitratzyklus. Es ist ja sehr schwierig, bei einem Kreislauf einen Anfang zu finden, weil er normalerweise niemals unterbrochen wird. Beginnen wir bei den Lebewesen wie Fischen oder Wirbellosen. Der Stoffwechsel dieser Tiere sorgt für die Anreicherung an Exkrementen im Wasser. Weiterhin zerfallen Pflanzen, und es entsteht Humus. Hierbei handelt es sich wie bei den Ausscheidungen der Tiere um organische Stickstoffverbindungen, die durch Bakterien in Abhängigkeit vom pH-Wert, also dem Säuregehalt des Wassers, in Ammonium oder Ammoniak umgewandelt werden. Je niedriger der pH-Wert ist, desto höher ist der Ammonium-Gehalt, und je alkalischer das Wasser, desto höher ist der Ammoniak-Gehalt. Ammonium kann durch Pflanzen aufgenommen werden, jedoch bevorzugen sie die Stickstoffverbindung Nitrat als Dünger. Ammoniak ist sehr giftig, und deshalb sollten Sie den Wasserwert mindestens einmal wöchentlich kontrollieren. Der Grenzwert für den Ammoniak-Gehalt, der nicht überschritten werden sollte, ist 0,25 mg/l. Ist die Konzentration höher, können die Tiere kein Ammoniak mehr abgeben, und es zeigen sich typische Vergiftungserscheinungen wie Luftschnappen an der Wasseroberfläche, schnelle Bewegungen und starke Kiementätigkeit. Durch die Anreicherung von Ammonium und Ammoniak werden sogenannte nitrifizierende Bakterien aktiv. So funktioniert es im großen Maßstab in der Natur, und so findet es auch in Ihrem kleinen Mini-Kosmos statt. Zunächst spricht man von der Nitrifikation durch Nitritbakterien (z. B. *Nitrosomonas*). (Bitte hören Sie hier nicht auf zu lesen! Auch wenn es sich kompliziert anhört, hierbei handelt es sich um die wichtigsten chemischen Prozesse in jeder

Substanz	**Oberster Grenzwert**
Ammoniak	0,25 mg/l
Nitrit	0,3 mg/l
Nitrat	50 mg/l
CO_2	15 mg/l
	Unterster Grenzwert
O_2	5 mg/l
KH	3 °dH

Hier finden Sie die gängigsten Wasserwerte mit ihren Grenzen.

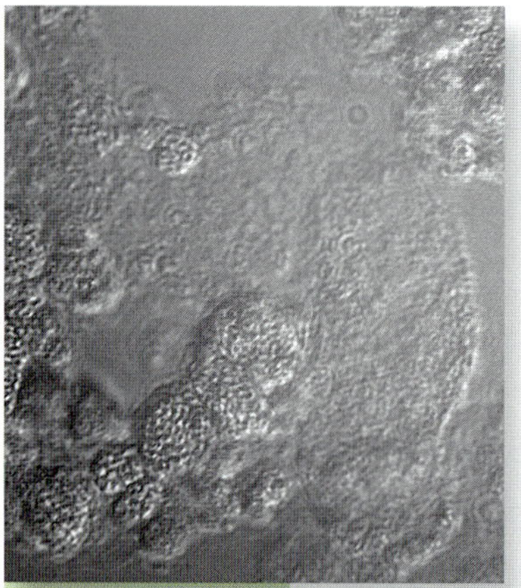

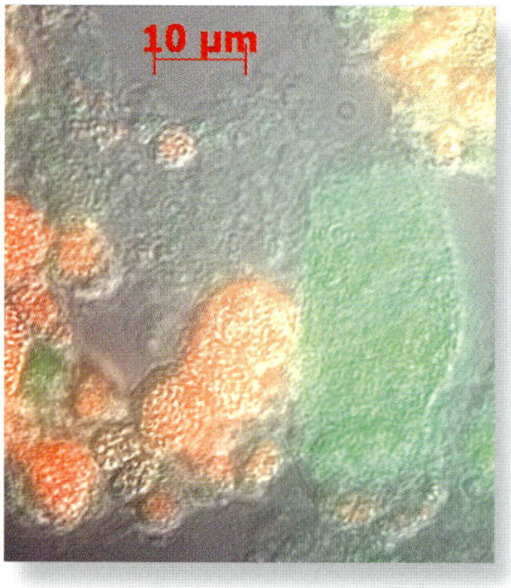

Das SW-Bild zeigt eine Ansammlung von Mikroorganismen. Mit Hilfe der FISH (Fluoreszenz-in-situ-Hybridisierung) werden die ammoniumoxidierenden Bakterien rot und die nitritoxidierenden Bakterien grün hervorgehoben. Die Bilder wurden mit einer 1000-fachen Mikroskop-Vergrößerung aufgenommen.

Foto: Tetra R&D Center Nutrition and Care

„Pfütze", und das Wissen darüber ist ausschlaggebend für Ihr erfolgreiches Hobby Aquaristik!)

Ammonium und Ammoniak werden also durch die Nitritbakterien unter Zuhilfenahme von Sauerstoff zunächst in Nitrit umgewandelt. Hierbei handelt es sich um eine chemische Verbindung, die nicht gerade den besten Ruf hat. Zwar gilt in Deutschland die Trinkwasserverordnung (TVO), d. h. es existieren Grenzwerte für die Wasserinhaltsstoffe, allerdings können diese regionsspezifisch im Jahresdurchschnitt sehr schwanken. Also auch das Leitungswasser enthält manchmal unerwünschte Stoffe wie Nitrit oder Nitrat, und dem einen oder anderen unter Ihnen sind diese Begriffe sicher schon einmal im Zusammenhang mit der Zubereitung von Babynahrung zu Ohren gekommen. Zu viel Nitrit verändert bei Säuglingen nämlich den roten Blutfarbstoff, sodass der Sauerstofftransport im Körper nicht mehr gewährleistet ist. Babys können in den ersten Lebensmonaten dadurch an der sogenannten Blausucht (Zyanose) erkranken. Nitrit gehört auf keinen Fall in ein Aquarium, auch nicht kurzfristig. Schon bei geringsten Spuren wie 0,1 mg/l führt dieser Bestandteil im Wasser zu Häutungsproblemen bei Wirbellosen und bei Fischen zu Fressunlust bis hin zum Tod.

Haben die Nitritbakterien den ersten Schritt getan, sind nun die Nitratbakterien (z. B. der Gattung *Nitrospira*) an der Reihe. Auch die benötigen Sauerstoff, um aus dem Nitrit eine weitere chemische Verbindung zu formen, nämlich Nitrat. Während Nitrit auf viele Organismen giftig wirkt, ist eine größere Nitratmenge über 50 mg/l Wasser für Fische unbedenklich. Für das kleine Ökosystem Nano-Aquarium kann aber schon ein kurzfristig erhöhter Nitratgehalt im Wasser zu Problemen führen. Nitrat ist wie Ammonium ein anorganischer Stoff, der in der Regel von den Pflanzen aufgenommen wird, die in ein Aquarium gesetzt werden. Wenn nun diese Pflanzen sterben und verrotten, werden Stickstoffverbindungen freigesetzt, die wiederum in Ammonium oder Ammoniak umgewandelt werden – und damit wäre der Stickstoffkreislauf geschlossen. Ist die Nitratmenge so groß, dass sie von den eingesetzten Pflanzen nicht mehr aufgebraucht werden kann, dann steht sie den Algen zur Verfügung. Solch eine Überdüngung resultiert aus zu hohem Besatz mit Tieren, zu wenig eingesetzten Pflanzen, zu häufiger Fütterung und natürlich unregelmäßiger Pflege, d. h. zu wenigen Teilwasserwechseln. Mehr dazu im Kapitel Problembehandlung ab Seite 92. Irgendwann ist der Nitratgehalt erschöpft, und auch die Algen sterben ab. Die Konsequenz ist ein Sauerstoffmangel durch Bakterien, die die tote Biomasse zersetzen.

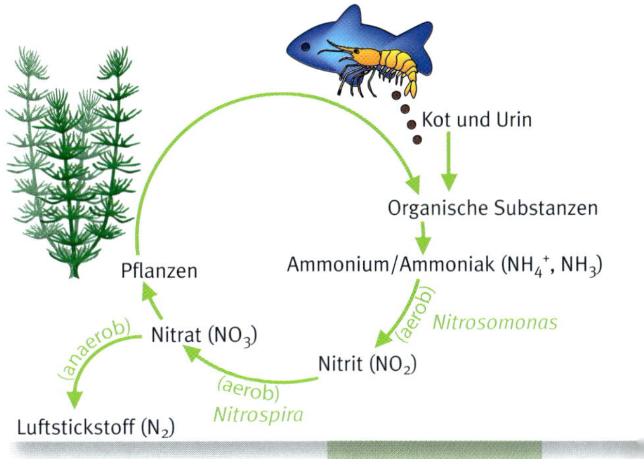

Komplizierte Wasserchemie einfach dargestellt

Achten Sie also auf ein ausgewogenes Verhältnis zwischen den tierischen Lebewesen, der Fütterung, dem Pflanzenbesatz und den Reinigungsprozessen.

Mit dem Nitrat im Wasser endet die bakterielle Aktivität aber nicht. Bis hierhin findet die sogenannte Nitrifikation statt, im Anschluss daran kann die Denitrifikation erfolgen. Dieser Prozess findet vorzugsweise im Sediment statt, also im Bodengrund und damit im sauerstoffarmen Milieu. Erfahrene Aquarianer und Wissenschaftler unter Ihnen würden den Bereich als anaerob bezeichnen, wohingegen die Nitrifikation aerobe Prozesse beschreibt. Gleich haben wir es geschafft – durchhalten! Während der Denitrifikation wird Nitrat über mehrere Stufen zu Luftstickstoff (N_2) reduziert. Dieser entweicht zum größten Teil in die Luft und verlässt so den Stickstoffkreislauf. Es gibt einige spezialisierte Bakterienarten wie die Cyanobakterien, die den Stickstoff aus der Atmosphäre binden können. Der Schwimmfarn *Azolla caroliniana* enthält diese Blaualgen in den Blättern und ist damit in der Lage, Luftstickstoff zu binden. In den Tropen wird diese Pflanze als Stickstoffdünger auf Reisfeldern eingesetzt. Immerhin macht der Stickstoff 78 % der Gase in der Luft aus! Die Abbildung oben soll Ihnen die Zusammenhänge im Nitratzyklus noch einmal grafisch deutlich machen. Auswendig lernen müssen Sie die jetzt nicht, aber Sie wissen, wo Sie nachschlagen können …

Eine regelmäßige Überprüfung der Wasserwerte gehört zur regelmäßigen Pflege und erspart Ihnen und Ihren Tieren im Aquarium unschöne Ereignisse. Im Handel werden dazu Teststreifen angeboten, die sehr einfach in der Handhabung sind und mit denen man innerhalb einer Minute die wichtigsten Wasserwerte wie den pH, die Karbonathärte oder auch die Nitrit- und Nitratmengen im Wasser bestimmen kann. Durch Farbindikatoren auf dem Teststreifen und Farbskalen können diese Parameter tendenziell festgehalten werden. Genauer arbeiten jedoch Testlösungen. Hier wird eine kleine Probe des zu testenden Wassers in eine Messküvette gefüllt, die mit mindestens einer Testlösung versetzt wird. Infolgedessen verfärbt sich die Flüssigkeit häufig nach kurzer Wartezeit, und anhand einer Farbskala ist auch hier der Wasserwert zu bestimmen. Dieses Testverfahren erscheint aufwändiger, man erhält aber ein wesentlich exakteres Testresultat als mit den Teststreifen. Vergleichen Sie die Tabelle S. 47 zur besseren Übersicht über die Grenzwerte im Nano-Aquarium.

Die Spitze Blasenschnecke stellt keine hohen Ansprüche an die Wasserwerte.
Foto: C. Lukhaup

Die Pflanzen: grüne Pracht

Zunächst unterscheiden wir zwischen den echten Wasserpflanzen und den Sumpfpflanzen. Das Raue Hornblatt (*Ceratophyllum demersum*) oder die Dichtblättrige Wasserpest (*Egeria densa*) geben große Mengen an Sauerstoff ab und leben in der Natur unter Wasser. Sie weisen typische Merkmale echter Wasserpflanzen auf, wie dünne, fein gegliederte Blätter, um die im Wasser raren Nährstoffe in großen Mengen aufnehmen zu können. Außerdem besitzen sie eine dünne Epidermis (Oberhaut) und weiche Stängel, denen das für Land- und Sumpfpflanzen typische Stützgewebe fehlt. Das Hornblatt soll algenhemmende Substanzen ausscheiden, und auch durch das schnelle Wachstum dieser Pflanze wird Algenwachstum vorgebeugt. Die Wasserpest ist in der Lage, Blaualgen, also Cyanobakterien, zu bekämpfen. Beide Pflanzenarten sind für die Nano-Aquaristik trotz Ihrer großen Wuchsform geeignet, und regelmäßiges Zurückschneiden führt schnell zu einer dichten, grünen Wand im Hintergrund Ihres Mini-Aquariums. In der Regel benötigen die Wasserpflanzen nur geringe Mengen an zusätzlichem Dünger, denn auch in der Natur ist das Wasser selten mit vielen Nährstoffen angereichert. Flüssigdüngepräparate werden von verschiedenen Herstellern angeboten. Da Sie ein Nano-Aquarium pflegen möchten, sollte der Dünger einfach und in sehr geringen Mengen zu dosieren sein. Sie können sich auch eine Pipette zu Hilfe nehmen, um den Dünger tropfenweise vor dem Ausströmer des Filters hinzuzufügen.

So funktioniert die fein dosierte Düngergabe.

Sumpfpflanzen, die in der Natur emers, also über die Wasseroberfläche hinaus wachsen, sind zwar keine guten Sauerstoffspender im Wasser, nehmen allerdings große Mengen an Stickstoffverbindungen der Tiere wie Ammonium und auch das Endprodukt Nitrat auf. Sie sorgen auf diese Weise für eine hohe Wasserqualität. In Abhängigkeit von ihrem natürlichen Standort können die Sumpfpflanzen überflutet werden, und viele Arten haben sich daher in ihrer Morphologie an das Leben sowohl unter als auch über Wasser angepasst. Deshalb werden sie auch als amphibisch bezeichnet. Diese Pflanzen werden für die Aquaristik häufig emers gezogen, sie erscheinen im ersten Moment kräftiger, können dann aber zunächst im Aquarium kümmern. Als Faustregel gilt, je weicher eine Pflanze erscheint und je feiner die Blätter, desto schnellwüchsiger ist sie und desto besser ist sie an den Lebensraum Wasser angepasst. Die hartblättrigen Pflanzen mit festem Stützgewebe benötigen häufig mehr Nährstoffe. In der Natur finden sie diese im damit angereicherten Bodengrund. Die Pflanzen im Aquarium müssen Sie also zusätzlich regelmäßig mit Tablettendünger nach Angaben des Herstellers versorgen. Aquarienpflanzen sind auch Lebewesen, die von ihren Umweltfaktoren abhängig sind. Zwar sollte das Wohl der Tiere im Aquarium immer im Vordergrund stehen, doch wenn die Pflanzen gesund sind und ihnen optimale Lebensbedingungen geboten werden, muss man sich viel weniger Gedanken um die Gesundheit der tierischen Bewohner machen.

Bei der Bepflanzung Ihres Aquariums sollten Sie von Anfang an ein Gesamtbild vor Augen haben. Setzen Sie nicht punktuell verschiedene Pflanzenarten ein, sondern beschränken Sie sich auf einige wenige Arten, die Sie dann aber in größeren Gruppen zusammen pflanzen. Als Reaktion auf den Trend zum Nano-Aquarium sind gerade in den letzten Jahren vermehrt kleinwüchsige Pflanzenarten in den Handel gekommen, sodass Sie in der Regel eine reichhaltige Auswahl haben werden. Stufen Sie die Pflanzen, wie Sie es auch schon mit dem Bodengrund gemacht haben, von hinten nach vorne ab. In den Vordergrund gehören flach wachsende Arten, hierzu zählen das Zwergkraut (*Glossostigma elatinoides*), eine allerdings sicher nicht einfach zu kultivierende Art, oder das Javamoos (*Taxiphyllum barbieri*), langsam wachsend, aber ohne spezielle Ansprüche an seine Umweltbedingungen. Natürlich können Sie den vorderen Bereich durch eine einzelne größere Solitärpflanze gut auflockern, die sollte aber nicht in der Mitte platziert werden, sondern eher seitlich, sonst ist das Gesamtbild des Aquariums zu regelmäßig und könnte schnell künstlich wirken. Gut geeignet ist als Vordergrundpflanze der Amerikanische Wassernabel (*Hydrocotyle verticillata*). Hierbei handelt es sich um eine Pflanze mit schirmartigen Blättern, deren Stängel bis zu 20 cm an die Wasseroberfläche reichen können. Sie wächst sehr langsam und fällt durch die endständigen Blätter auf. Wenn Sie den Bodengrund reinigen, achten Sie darauf, die feinen Wurzeln dieser Pflanze nicht herauszuziehen. Hierzu empfehle ich Ihnen auf jeden Fall einen feinen Luftschlauch, dessen Wasserdurchfluss durch eine Schlauchklemme reguliert ist.

Bei guter Beleuchtung bleibt der Amerikanische Wassernabel kurzstielig, an schattigeren Plätzen kann er bis an die Wasseroberfläche wachsen.
Foto: H.-G. Evers

Anubias barteri „coffeefolia" ist eine langsamwüchsige und sehr einfach zu pflegende Pflanze, die Sie in den mittleren Bereich Ihres Kleinst-Aquariums einsetzen können. Dieses Speerblatt wird auch als Aufsitzerpflanze bezeichnet und sollte daher auf einem Holzstück oder auf Lavagestein mit Nylonband festgebunden werden. Auch das Javamoos haftet sich mit seinen Seitensprossen an das Substrat, das durchaus glatt sein kann. Die Gattung *Cryptocoryne* ist ebenso ein Blickfang und bringt mit ihren oft rosa Blättern und Blattadern Farbe in die Unterwasserwelt. Verbauen Sie sich nicht durch zu viele großwüchsige Pflanzen die Sicht. Wir bewegen uns schließlich im Nano-Bereich.

Die Fotosynthese

„Fotosynthese bezeichnet einen Prozess, bei dem Lichtenergie durch Lebewesen in chemische Energie umgewandelt wird und organische Stoffe synthetisiert werden." Die Pflanze verwendet also eine Kohlenstoffquelle, häufig ist dies Kohlendioxid, und baut damit Glukose, also Zucker, auf. Als Abfallprodukt wird Sauerstoff abgegeben, das den anderen Lebewesen zur Verfügung steht. Wenn Sie keine Pflanzen in Ihr Nano-Aquarium einsetzen können, weil Ihr Krebs Spaß daran findet, das Grünzeug herauszurupfen, müssen Sie zur besseren Sauerstoffversorgung des Tieres einen Oxydator einsetzen.

Kommen wir nun zur Hauptaufgabe der Pflanzen, der Fotosynthese. Für den Prozess der Fotosynthese benötigen alle Pflanzen Licht. Wie im Garten gibt es auch in einem Aquarium stark lichtbedürftige und Schatten liebende Pflanzen, daher müssen die Standorte genau geplant sein. Hier empfiehlt sich ein Pflanzplan, denn im Normalfall haben wir fast überall im Aquarium das gleiche Licht. Größere Pflanzen können kleinere beschatten, oder Holzstücke und Steine dienen als Lichtschutz für Pflanzen, die wenig Licht benötigen. Auch bei lichthungrigen Pflanzen ist aber irgendwann ein Optimum in der Lichtintensität erreicht, ab dem sie kein besseres Wachstum und keine höhere Sauerstoff-Ausbeute während der Fotosynthese mehr zeigen können.

Die Pflanzen produzieren den nötigen Sauerstoff für die Tiere im Aquarium.
Foto: H.-G. Evers

Durch ihr Blattgrün (Chlorophyll) sind Pflanzen in der Lage, Lichtenergie zur Bildung von Traubenzucker (Glukose) zu verwenden. Hierbei wird rotwelliges Licht (700 nm) bevorzugt, blauwelliges Licht (450 nm) wird nur im geringen Maße genutzt. Eine für das menschliche Auge helle Beleuchtung ist nicht unbedingt mit einer geeigneten Lichtquelle für die Pflanzen gleichzusetzen. Tagsüber betreibt die Pflanze also Fotosynthese – und was tut sie nachts? Atmen, genauso wie andere Lebewesen auch! Sie nimmt Sauerstoff auf und gibt Kohlendioxid ab. Daher kommt es z. B. in einem Zuchtaquarium häufiger nachts oder in den frühen Morgenstunden zu einem Sauerstoffmangel, weshalb zusätzlich mit einer Luftpumpe Sauerstoff eingetragen werden muss.

Zur Auswahl von Lampentypen als Lichtquelle für die Fotosynthese habe ich Ihnen schon im Kapitel „Die Technik“ Beispiele genannt. An dieser Stelle möchte ich auf die Bedeutung des Lichts für das Wachstum der Pflanzen in Ihrem Nano-Aquarium eingehen. Vergleichen wir das künstliche Licht mit dem Sonnenlicht. Es gibt sowohl tägliche als auch jahreszeitliche Schwankungen der Sonneneinstrahlung. Hierbei spielen der geografische Standort und die Klimazone eine wichtige Rolle. Im Wasser ist die Strahlungsintensität der Sonne geringer als in der Luft, und ab einer Wassertiefe von 10 m sind daher so gut wie keine Wasserpflanzen mehr vorzufinden. Der Sonnenstand verändert sich im Lauf des Tages, in den äquatornahen Tropen scheint die Sonne aber über zwölf Stunden täglich; daher sollten Sie auch Ihren Aquarienpflanzen diese Beleuchtungszeit bieten, zumal die künstliche Beleuchtungsstärke immer geringer ist als die natürliche.

Ich möchte Ihnen nun als Beispiel für die Notwendigkeit spezieller Umweltbedingungen die Karolina-Haarnixe (*Cabomba caroliniana*) näher bringen. Sie stammt aus den subtropischen und auch gemäßigten Klimazonen und ist intensives Licht gewöhnt. Wachsen nur hellgrüne Sprossspitzen nach, deutet dies auf ein Lichtdefizit hin. Überprüfen Sie dann, ob die Beleuchtungsstärke für die Aquariengröße ausreichend ist. Wenn man der Pflanze nun eine starke Beleuchtung und zusätzlich CO_2 aus einer Düngeapparatur bietet, nimmt sie anfänglich sehr an Längenwachstum zu, nach kurzer Zeit geht die Pflanze durch ihre erhöhte Stoffwechselrate aus Nährstoffmangel aber ein. Auch die Wassertemperatur spielt bei der Haarnixe eine außerordentliche Rolle. Sie bevorzugt 25 °C und ist an Temperaturschwankungen zwischen Tag und Nacht angepasst. Wie ein Saunagang bei uns stärken unterschiedliche Temperaturen in Abhängigkeit von den Jahreszeiten und der Tageszeit die Widerstandsfähigkeit der Pflanze. In der Nano-Aquaristik haben wir das Glück, dass die Beleuchtung zu einem wesentlichen Teil die Wassertemperatur mitsteuert, sodass Reglerheizer häufig überflüssig sind und automatisch ein nächtlicher Temperaturabfall zustande kommt. *Cabomba caroliniana* ist ein großartiger Sauerstoffspender und wächst zügig, manchmal blüht sie auch. Lassen Sie sich von der in der Literatur angegebenen Endgröße der Haarnixe nicht beeindrucken. Sobald Ihre Pflanzen die Wasseroberfläche berühren, und das könnte bei der Haarnixe schon nach zwei Wochen der Fall sein, sollten Sie sie einfach einkürzen. Schneiden Sie hierzu mit einer kleinen, scharfen Schere die Spitze der Pflanze ab, entfernen Sie die Blätter am unteren Ende des Stecklings und setzen Sie ihn als neue Pflanze in den Kies ein. Es entstehen kräftige Seitentriebe, die Sie zu einem späteren Zeitpunkt wieder einpflanzen können. Auf diese Art und Weise vermehren sich Stängelpflanzen sehr schnell, und die hintere Glaswand im Aquarium wird bald durch kräftiges Pflanzengrün verdeckt.

Grundständige Pflanzen wie der erst seit kurzem erhältliche Kleine Stern (*Pogostemon helferi*) werden zur Vermehrung zunächst mit einer runden Pinzette aus dem Boden entfernt. Die Jungpflanzen werden von der sogenannten Mutterpflanze getrennt, und die Wurzeln werden auf 1 cm gekürzt – diese Ableger setzen Sie nun auch in den Kies ein. Das Perlenkraut (*Hemianthus micranthemoides*) wächst bei starker Beleuchtung wenig in die Höhe, dafür mehr in die Breite und bildet so einen dichten Rasen im Vordergrund aus. Durch die zierlichen Blätter wirkt diese Pflanze sehr filigran.

Am Ende des Kapitels habe ich Ihnen eine Liste derjenigen Pflanzenarten zusammengestellt, die für Ihr Nano-Aquarium geeignet sind. Hierbei habe ich die Pflanzen hinsichtlich ihrer Kultivierung nach Schwierigkeitsgraden unterteilt, sodass Sie selbst entscheiden können, was Sie sich zutrauen.

Noch einige Worte zu den Moosen, die Sie sicher in Ihrem Mini-Aquarium pflegen werden: Die Oberfläche der Moose ist im Verhältnis zur ihrem Volumen sehr groß, daher ist eine regelmäßige geringe Düngung über Flüssigpräparate ausreichend. Spurenelemente und kaliumhaltige Salze fördern das Mooswachstum, allerdings ist über den weiteren Bedarf an Nahrung für die Moose wenig bekannt. Durch die immer größer werdende Anzahl an Nano-Aquarianern wird sich sicher in nächster Zeit mehr hierzu finden. Probieren geht über Studieren! Halten Sie nur den Nitrat- und den Phosphatgehalt immer gering, denn sonst sind Algen vorprogrammiert.

Die Moose unterteilt man in Hornmoose (für unsere Zwecke nicht relevant), Lebermoose und Laubmoose. Die Lebermoose besiedeln mit ihrem abgeflachten Thallus, so nennt man ihren Pflanzenkörper, feuchte Randbereiche schnell fließender Gewässer. Sie benötigen kaltes und weiches Wasser. Das wohl Berühmteste unter ihnen ist das Teichlebermoos (*Riccia fluitans*), das sich unter Wasser kultivieren lässt. Für das Nano-Aquarium befestigen Sie mit etwas Nylonband einige Polster auf einem Stein oder auf einem Holzstück. Einfacher geht es oft mit einem Haarnetz. Hier müssen Sie nur darauf achten, dass sich keine kleinen Fische darin verfangen können, umwickeln Sie daher die Moose immer sehr stramm. Die Laubmoose kommen in einer sehr großen Artenvielfalt in Flüssen und Bächen vor und werden von Nano-Aquarianern häufig kultiviert. Die meisten Moose gedeihen eher bei einem niedrigen bis neutralen pH-Wert, sie sind sehr kohlendioxidbedürftig. Die Fotosynthese der Moose ist vergleichbar mit derjenigen der höheren Pflanzen, allerdings sind alle Moose auf gasförmiges Kohlendioxid angewiesen, und die Wassermoose können somit kein HCO_3^- (Hydrogenkarbonat) aus dem Wasser als Kohlenstoffquelle verwenden, wie es einige der höheren Pflanzen tun.

Lebensraum Moos

Moose besiedeln Lebensräume in der Natur, in denen höhere Pflanzen keine Lebensgrundlage mehr haben. Sie sind relativ klein und langsam wachsend und somit auch relativ konkurrenzschwache Pflanzen. Deswegen sollten Sie Moose mit langsam wachsenden und kleinen Sumpfpflanzen kombinieren. Sie sind Lebensraum für wirbellose Tiere, und kleine Fische verstecken sich in den Moosen, fressen sie aber nicht – es wird ihnen eine fraßhemmende Wirkung nachgesagt. Hierzu ist aber noch nicht viel bekannt.

Kommen wir zur Praxis! Beginnen Sie mit der Bepflanzung im hinteren Bereich. Entfernen Sie alles, was nicht zur Pflanze gehört, wie die Bleiringe, Schaumstoff, Mineralwolle (lassen Sie jedoch bei sehr kleinwüchsigen Pflanzen mit winzigen Wurzeln 1 cm Mineralwolle stehen, z. B. bei Perlenkraut) und Kunststofftöpfe. Kürzen Sie dann die Wurzeln auf ca. 1 cm Länge. Handelt es sich um eine Stängelpflanze, schneiden Sie den unteren, durchsichtigen oder gelblichen Teil des Stängels vorsichtig mit einer Schere ab und entfernen Sie untere Blätter. Spülen Sie nun die Pflanze gründlich unter fließendem Wasser ab oder setzen Sie sie eine Minute in eine Alaunlösung (1 Teelöffel pro Liter Wasser). Setzen Sie die Pflanze dann nach dem Abspülen sofort ein. Hierzu nehmen Sie den unteren Teil am besten zwischen Daumen und Zeigefinger, graben ein Loch in den Kies und setzen die Pflanze vorsichtig dort ein. Bedecken Sie die Basis leicht mit Kies und ziehen Sie die Pflanze dann vorsichtig ein wenig senkrecht nach oben. Nun sitzt die Pflanze gut verankert im Bodengrund. Ein Mini-Aquarium hat manchmal so kleine Ausmaße, dass es nicht möglich ist, mit den bloßen Fingern hineinzugreifen. Dann eignen sich abgerundete Pinzetten,

Moose können zu kleinen Kunstwerken wachsen.

Die Seemandelbaumrinde und Eichenblätter lockern den hier sonst zu grünen Bodengrund auf.

wie ich sie im Kapitel „Nützlicher Kleinkram und wie er eingesetzt wird" vorgestellt habe. Die Pflanze wird also präpariert und vorsichtig mit der Pinzette im Bodengrund versenkt. Das erfordert ein wenig Übung, aber die macht ja bekanntlich den Meister. Das ist eben Nano! Kämpfen Sie sich langsam von hinten nach vorne durch und werden Sie ein Unterwasser-Gärtner.

Übersicht über die Einrichtung Ihres Nano-Aquariums	
Die Standortauswahl	Der Unterbau muss stabil sein.
	so wenig Sonnenlichteinfall wie möglich
	Die Wassertemperatur muss weitgehend konstant bleiben.
	Suchen Sie einen ruhigen Platz.
	Vorteilhaft sind Elektroanschlüsse in der Nähe.
Das Aquarium	von innen und außen säubern
	auf Dichtigkeit prüfen
Der Bodengrund	Bodenheizung installieren
	Kies waschen
	zuerst Bodengrunddünger mit Kies gemischt, dann Kies auffüllen
Die Dekoration	Reinigen Sie Steine und Wurzeln, wässern Sie schwimmfähiges Holz.
	Platzieren Sie die Dekoration.
Die Technik	Spülen Sie die Filtermaterialien durch und platzieren Sie den Filter.
	Setzen Sie den Stabheizer und stellen Sie die gewünschte Temperatur ein.
	Bringen Sie das Thermometer an.
Die Pflanzen	Spülen Sie die Pflanzen gut bzw. setzen Sie sie in eine Alaunlösung.
	Entfernen Sie alles, was nicht zur Pflanze gehört, und kürzen Sie die Wurzeln.
Das Wasser	Füllen Sie das Aquarium bis zur Hälfte mit Wasser.
	Setzen Sie, wenn nötig, Wasseraufbereiter hinzu.
	Setzen Sie die Pflanzen ein.
Zum Schluss	Nehmen Sie die Technik in Betrieb.
	Überprüfen Sie die Wassertemperatur.
	Testen Sie die Wasserwerte.
	Nach allerfrühestens einer Woche und mehreren Teilwasserwechseln können Sie erste Tiere einsetzen, dann wöchentlich weitere.

Nano-Fische, hier *Microdevario kubotai*, und viele Wirbellose sind nicht dazu in der Lage, sich alleine im Nano-Aquarium zu ernähren. Die Fütterung ist daher Teil der Pflege.
Foto: H.-G. Evers

Pflege ist alles!

Wie schon mehrfach betont: Das A und O zum Erfolg in der Aquaristik generell und speziell der Nano-Süßwasseraquaristik ist eine gewissenhafte Pflege des Beckens und seiner Bewohner. In den folgenden Kapiteln gehe ich auf alle dazu wichtigen Punkte ein, soweit sie nicht bereits oben erwähnt wurden.

Die Fütterung

Es existiert eine große Auswahl an Trockenfuttersorten namhafter Hersteller – achten Sie auch hier auf Qualität. Jedoch möchten wir den Speiseplan unserer Aquarienbewohner darüber hinaus attraktiv und abwechslungsreich gestalten.

Das geht sehr gut mit Futtertieren und einigen Gemüsesorten. Viele Flusssysteme in der Heimat unserer Aquarienbewohner sind jahreszeitlich bedingt mal überschwemmt und mal weitgehend ausgetrocknet. Während der Trockenperiode ist die Auswahl an Nahrung natürlich eingeschränkt. *Rasbora*-Arten aus dem asiatischen Raum, die Sie in Ihrem Nano-Aquarium halten können, sind dann ausschließlich auf pflanzliche Nahrung angewiesen, wohingegen Sie in der Regenzeit große Mengen an tierischen Kleinstlebewesen vorfinden. Füttern Sie demnach „Vegetarier“ unter den Tieren nicht nur pflanzlich und „Fleischfresser“ nicht nur tierisch,

Im Handel ist ein weites Spektrum an Trockenfuttersorten erhältlich.
Foto: D. Knop

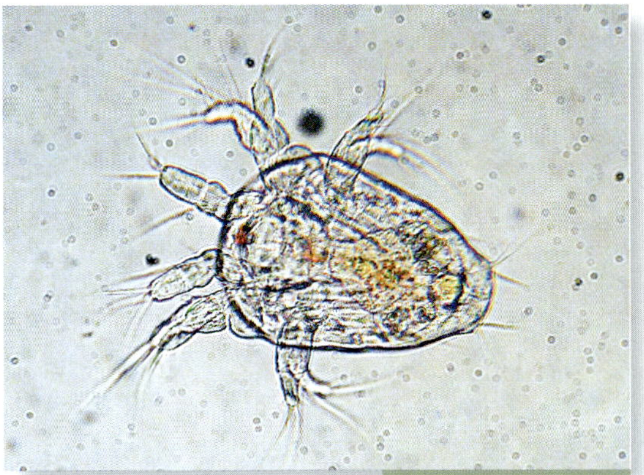

Das Wasser lebt! Hier die Larve eines Ruderfußkrebses (*Cyclops*).
Foto: M. Westermann-Hildebrand

sondern bieten Sie Abwechslung. Sogar der Mulm, der sich im Laufe der Standzeit in Ihrer kleinen Mini-Welt im Aquarium sammelt, ist gefüllt mit Kleinstlebewesen wie Protozoen und Rotatorien, die Ihren Garnelen und Minifischen wichtige Nährstoffe bieten. Klinisch sauber darf Ihr Nano-Aquarium niemals sein! Schon mit Hilfe eines Hobby-Mikroskops entdecken Sie einen Mini-Kosmos mit unzähligen Lebewesen in nur einem Wassertropfen – die Nano-Welt Ihres Nano-Aquariums! In der unten stehenden Tabelle finden Sie eine Aufzählung der Stoffklassen, die den Tieren täglich zur Verfügung stehen sollten.

Besitzen Sie eine Regentonne? Was für ein Glück für die Bewohner Ihres Nano-Aquariums! Die freuen sich über die frisch geernteten und gut durchgespülten Wasserflöhe (*Moina brachiata*)! Der Perlhuhnbärbling (*Danio margaritatus*) beispielsweise bevorzugt Zooplanktonfresser, nimmt also frei schwimmende Futtertiere wie *Moina* sehr gerne an.

Wenn die Regentonne fehlt, kann ein Zuchtansatz für den Japanischen Wasserfloh (*Moina macrocopa*) Abhilfe schaffen. Diese Tiere werden bis zu 2 mm groß und sind einfach in der Pflege. An dieser Stelle möchte ich mich bei Fred Rosenau bedanken, der mir einige Tipps und Tricks zu den Futter-

Nährstoffe und ihre Aufgaben
Nano-Tiere benötigen, wie alle großen auch, eine permanente Nährstoffversorgung.

Proteine (= Eiweiße)	Bausteine aller Zellen im Körper und verantwortlich für Stoffwechselvorgänge
Fette	Energiespeicher und Rohstoff für spezielle Körpersubstanzen und Vitamine
Kohlenhydrate	Zucker zur akuten Energieversorgung
Ballaststoffe	Unverdauliche Nahrungsbestandteile wie Chitin aus Futtertieren zur Stärkung des Sättigungsgefühls und zur Gewährleistung der Magen-Darm-Funktionen
Vitamine	Verwertung von Nähr- und Mineralstoffen sowie generell Funktionskontrolle im Stoffwechsel
Mineralstoffe	Baustoffe für Knochen und Muskeln sowie Reglerstoffe für die Enzymaktivität
Spurenelemente	Einige in Spuren dosierte lebensnotwendige Mineralstoffe wie Eisen und Jod

tierkulturen mitgegeben hat. Der Japanische Wasserfloh wird in Leitungswasser gezogen, das weder Schwermetalle wie Kupfer oder Blei noch Chlor enthält. Ein wenig „abgestandenes“ Wasser oder einfach Aquarienwasser haben sich bewährt. Als Kulturgefäß dienen ein 10-l-Eimer oder ein 54-l-Aquarium mit den Maßen 60 x 30 x 30 cm. Der Ansatz aus einem Fachgeschäft kann auch mit noch so guten Vorsätzen und sehr guter Qualität kippen – das bedeutet, die Tiere sterben. Es bleiben trotzdem im Bodensatz häufig Tiere übrig, die große Eipakete tragen und demnach zur weiteren Kultur eingesetzt werden können. Eine Belüftung des Kulturgefäßes ist nicht notwendig. Wünschen Sie eine rasante Vermehrung, muss ein Reglerheizer die Temperatur auf mindestens 24 °C einstellen. Oder platzieren Sie das Kulturgefäß direkt auf der Fensterbank – allerdings ohne permanente direkte Sonneneinstrahlung –, denn die Vermehrung der Futtertiere ist lichtabhängig. Bei großer Dichte der Kultur „flimmert“ die Wasseroberfläche durch die Tiere, die von unten an sie stoßen. Die sich bald rot färbenden Wasserflöhe können dann zur Fütterung der Minifische eingesetzt werden. Mit Hilfe eines Siebes mit sehr geringer Maschenweite können Sie die Futtertiere ernten. *Moina macrocopa* verlangt, wie jedes Lebewesen, nach Futter. Man streut den Tieren einfach teelöffelweise dosiert Trockenhefe auf die Wasseroberfläche. Ich rate Ihnen von der sogenannten Bäckerhefe ab, da diese sehr hohen Nährwertschwankungen unterliegt und die Wasserqualität verschlechtert. Aufpeppen können Sie die Flöhe mit einem Multivitamin-Präparat aus dem Fachgeschäft. Geben Sie einmal in der Woche wenige Tropfen davon in das Kulturgefäß, füttern Sie dann nicht mit Hefe, und geben Sie am nächsten Tag die Wasserflöhe Ihren Nano-Tieren. Setzt das Kulturgefäß Algen an, schadet das den Futtertieren überhaupt nicht, sie fühlen sich heimisch! Die oft in das Kulturgefäß eingesetzten Schnecken, die eigentlich den Bodensatz entfernen sollen, können Krankheitserreger über die Wasserflöhe in das Nano-Aquarium einschleppen. Deswegen rate ich Ihnen, den Bodensatz von Zeit zu Zeit lieber mit einem dünnen Luftschlauch zu entfernen, anstatt Schnecken einzusetzen. Junge Zwerggarnelen freuen sich über diesen Leckerbissen!

Wissenswertes zu Futtertierkulturen

- Vor Kindern und Heimtieren geschützt aufbewahren!
- Kulturgefäße und Netze können mit kochendem Wasser gespült werden.
- Verwenden Sie immer dasselbe Gefäß, das nach der Fütterung gesäubert wird und nur mit den Futtertieren aus der Zucht in Berührung kommt.
- Unterhalten Sie mehrere Futtertierkulturen, sollten Sie sich bei der Pflege immer vom kleinsten zum größten Tier durcharbeiten, damit das große nicht mal unabsichtlich in das Zuchtgefäß mit den kleinen Tieren kommt und Ihnen die Kultur auffrisst.
- Kleine Kulturgefäße wie Marmeladengläser müssen mit lose aufliegendem Deckel versehen werden, sodass ein Luftschlauch installiert werden kann.

Wasserflöhe, wie hier *Daphnia magna*, sind ein Leckerbissen.
Foto: D. Knop

Für die Aufzucht von Minifischen kommen als Futtertiere z. B. Rädertierchen (Rotatoria) in Frage, die nur 40 µm groß sein können. Auch für Zwerggarnelen sind sie ein Genuss! Die vielzelligen Rädertierchen können verschiedene Körperformen annehmen. Als Charakteristikum für alle ist das Räderorgan zu nennen, das zur Nahrungsaufnahme dieser kleinen Tierchen und zu ihrer Fortbewegung dient.

Ein Kulturansatz *Brachionus calcyflorus* und *Brachionus rubens* wird in einem 1 oder 2 l fassenden Einmachgefäß oder z. B. einem 54-l-Aquarium in Leitungswasser ohne Schwermetalle und Chlor oder in Aquarienwasser eingesetzt. Die Rädertiere erscheinen milchig bzw. milchig rötlich als Punkte im Wasser schwebend. Wenn sich die Tiere an der Gefäßwand absetzen, müssen sie mit einem groben Haarpinsel entfernt werden. Gefüttert werden die Kleinen mit Schwebealgen. Hierzu nehmen Sie wiederum einen Kulturansatz aus einem Fachgeschäft, geben diesen in eine 0,7-l-Weißglasflasche und setzen 10 ml Orchideendünger hinzu. Dann wird es bald grün … Geben Sie von der Algenkultur etwas zu Ihren Futtertieren, sodass die Flüssigkeit hellgrün ist. Die Algenkultur wird wieder mit Wasser aufgefüllt und gedüngt. Warten Sie mit der nächsten Fütterung, bis die Rädertier-Kultur wieder klar ist. Soll es keine Algenkultur zur Fütterung der Rädertierchen sein, geht es auch mit Kaffeesahne (10 % Fettanteil!). Geben Sie diese tropfenweise zu den Rädertieren und warten Sie mit der nächsten Fütterung, bis die Kultur wieder klar ist. Entnehmen Sie die Rädertiere zur Fütterung Ihrer Nano-Aquarienbewohner mit einem Luftschlauch und einem weiteren Gefäß. Halten Sie die Algengläser stets getrennt von den Gläsern für *Brachionus*, um zu verhindern, dass diese eingeschleppt werden und die Algenkultur vernichten.

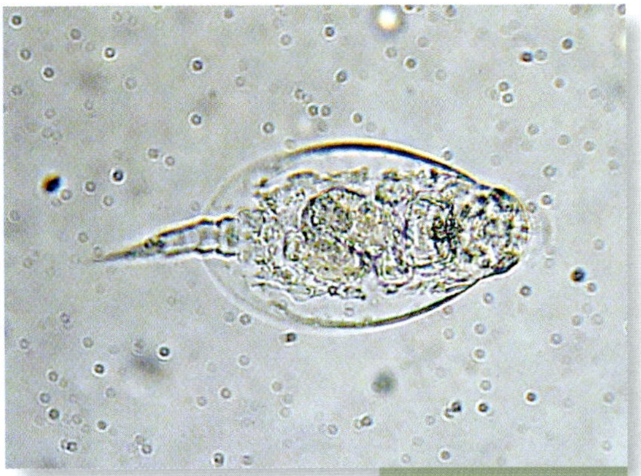

Rädertiere sind als erstes Futter nahrhafter als z. B. Pantoffeltierchen.

Foto: M. Wilstermann-Hildebrand

Wenn Sie sich gar nicht für die Futtertierzucht begeistern können oder den Mini-Aufwand scheuen, erhalten Sie in Aquaristik-Zoofachgeschäften eine große Auswahl an Futtertieren, lebendig in einem Plastikbeutel oder gefroren. Ich bevorzuge die erste Variante, da ich hier die Fitness der Tiere und die Wasserqualität, in der sie schwimmen, besser einschätzen kann als in einem gefrorenen Klumpen. Nach dem Auftauen erhalten Futtertiere außerdem eine gallertartige, manchmal matschige Konsistenz, die auch die Tiere im Aquarium nicht gerade begeistert. Einige Minifische sind auf den Fang von Lebend-Nahrung angewiesen und nehmen kein „totes“ Futter, wie gefrorenes oder getrocknetes.

Wenn Sie geplant oder vielleicht auch ungeplant Jungtiere von Minifischen bekommen und aufziehen möchten, werden Sie es z. B. auch mit *Artemia*-Nauplien zu tun bekommen. Die können Sie selbst kultivieren. Erinnern Sie sich noch an die Hefte aus dem Kiosk mit der kleinen Dose von winzigen harten „Eiern“, die mit ein wenig Salzwasser und einer starken Durchlüftung zum Leben erweckt werden konnten?

Lebende Futtertiere säubern

Da sich auch in dem Plastikbeutel mit den sich windenden lebenden Tieren einiges ansammelt, wie Überreste von verwesenden Artgenossen oder Schwebealgen, geben Sie den Inhalt des Beutels nicht direkt in das Aquarium, sondern gießen Sie die Flüssigkeit über ein kleines Sieb in einen anderen Behälter um und spülen Sie die Futtertiere mit ein wenig Aquarienwasser durch. Je älter die Futtertiere, desto weniger Nährstoffe enthalten sie für die Aquarienbewohner.

Ausgesiebte *Artemia* fertig zum Verfüttern.
Foto: D. Knop

Urzeitkrebschen nennt man die daraus schlüpfenden Tierchen oder auch Salinenkrebse. Man erhält sie im Aquaristik-Fachgeschäft. Innerhalb von 48 Stunden schlüpfen die Larven und sollten dann den kleinen Jungfischen, aber auch einigen Krebs-Babys zur Verfügung gestellt werden. In eine belüftete 0,7-l-Weißglasflasche werden dem Wasser zwei Teelöffel Kochsalz (oder auch Meersalz) sowie ein halber Teelöffel *Artemia*-„Eier" (eigentlich handelt es sich um Zysten) zugesetzt. Die Größe der Futtertiere kann je nach Herkunft erheblich schwanken. Möchten Sie ernten, wird die Luftpumpe ausgeschaltet, die noch nicht geschlüpften Zysten sowie leere Schalen sammeln sich oben, unten tummelt sich der orangefarbene Schwarm an *Artemia*. Entnehmen Sie diese mit einem Luftschlauch. Die Kulturflüssigkeit wird mit Hilfe eines Siebes von den Tieren getrennt, und die Larven werden mit einem Teelöffel in kleinen Portionen in das Nano-Aquarium

Frisch geschlüpfte *Artemia* sind das ideale Futter für *Boraras*.
Foto: F. Wang

hineingegeben. Am besten fährt man immer zeitlich versetzt zwei Ansätze, um jederzeit Nauplien zur Verfügung zu haben.

Füttern Sie mehrmals täglich in kleinen Portionen und achten Sie bei der Ernte darauf, dass Sie keine Schalen in das Aquarium geben.

Larven wie die der Zuckmücke (*Chironomus plumosus*) sind nicht für die Aufzucht der Minifische geeignet. Zu einem sind sie viel zu groß, zum anderen enthalten sie auch zerkleinert einen zu hohen Protein-Anteil, sodass die Tiere zu schnell wachsen würden, dabei aber der Bedarf an anderen Substanzen, z. B. Mineralstoffen, nicht gedeckt werden könnte. Für ausgewachsene Fische oder auch Krebstiere sind sie hingegen geeignet. Abwechslung bringen auch die weißen Mückenlarven der Art *Corethra plumicornis* oder die schwarzen Mückenlarven der Stechmücke (*Culex pipiens*). Halten Sie lebendige Larven kühl, weil sie bei höheren Temperaturen schnell zum Schlupf angeregt werden, was für Sie ein wenig unangenehm sein könnte. *Tubifex* (Bachröhrenwürmer) werden in stark belasteten Gewässern geerntet und hinterlassen auch in gefriergetrockneter Form Schadstoffe im Kleinst-Aquarium. Als Nano-Aquarianer lassen Sie am besten die Finger davon.

Die Aufzucht der Urzeitkrebschen
Foto: H.-G. Evers

Einige Krebsarten, aber auch Zwerggarnelen sind Detritus- und Aufwuchsfresser. Detritus besteht aus den organischen Abfällen, die langsam durch Bakterien zersetzt werden. Hierbei handelt es sich auch um den in der Umgangssprache genannten Mulm im Aquarium, der also durchaus sehr nahrhaft ist. Dies ist jetzt allerdings kein Freifahrtschein, Ihr Nano-Aquarium nicht mehr zu reinigen. Wie Sie wissen, ist das Volumen stark eingegrenzt, und ein dauerhafter Überschuss an Nährstoffen sorgt für sehr „unklare“ Wasserverhältnisse. Wenn aber Reste nach der Reinigung noch vorhanden sind,

Artemia (Bild links) und Weiße Mückenlarven (Bild rechts)
Fotos: D. Knop

sollte Sie diese Tatsache nicht direkt in Panik versetzen! Zwerggarnelen-Züchter wringen sogar regelmäßig den Filterschwamm ihres luftbetriebenen Innenfilters aus, um den Garnelen-Nachwuchs ein Schlaraffenland an Kleinstlebewesen zu bieten. Weiteres organisches Material sammelt sich z. B. auch hervorragend in Mooskugeln (*Aegagropila linnaei*) und kann dort von den Tieren abgeweidet werden. Krebsarten der Gattung *Procambarus* haben jedes Grünzeug zum Fressen gerne und können mit unendlicher Geduld die Wurzelhälse auch stabiler Sumpfpflanzen durchknipsen. In einem solchen Aquarium lohnt sich das Einsetzen von Pflanzen nicht. Schaffen Sie dem Tier aber aus-

Einige wichtige Grundregeln sollten Sie bei der Fütterung befolgen:

Füttern Sie artgerecht	Informieren Sie sich vor dem Kauf der Tiere über die Ernährungsgewohnheiten. Im Kapitel über die Nano-Tiere in diesem Buch finden Sie eine Zusammenstellung.
Füttern Sie sparsam	Die Tiere, die sich im mittleren und oberen Wasserbereich aufhalten, sollten das Flockenfutter und die Futtertiere noch im Schwebezustand fressen. Für die am Boden lebenden Bewohner gibt es Tablettenfutter oder Granulat. Innerhalb kurzer Zeit sollte das Futter vertilgt sein, sonst verfetten die Tiere sehr schnell oder Reste verderben.
Füttern Sie mehrmals täglich	In der Natur sind die Tiere auch den ganzen Tag auf Nahrungssuche. Kleinere Portionen über den Tag verteilt werden besser verdaut.
Füttern Sie frisch	Geben Sie nur qualitativ hochwertiges Futter in das Nano-Aquarium, sonst wird die Miniwelt zu stark belastet. Trockenfutter ist in der geöffneten Dose höchstens drei Monate haltbar!
Entfernen Sie Nahrungsreste	Bleibt etwas übrig, sollte es aus dem Nano-Aquarium entfernt werden, da es sonst den Schnecken im Bodengrund zur Verfügung steht und eine Vermehrung dieser Tiere nach sich zieht. Außerdem entsteht für das kleine Wasservolumen zu viel organischer Abfall, der das Algenwachstum fördert.
Beobachten Sie die Tiere bei der Fütterung	Sofort fallen Ihnen dabei eventuelle Ungereimtheiten und Probleme in der Nano-Welt auf.
Haben Sie Spaß	Die Fütterung ist eine der wichtigsten Pflegemaßnahmen für Ihr Nano-Aquarium mit tierischen Bewohnern. Mit dem Verfüttern hochwertiger Produkte und abwechslungsreicher Nahrung tragen Sie einen wesentlichen Anteil zur Gesunderhaltung Ihrer Tiere bei.

reichend Versteckmöglichkeiten durch Wohnhöhlen und sorgen Sie für eine ausreichende Sauerstoffzufuhr durch eine Luftpumpe. Aufwuchs kann pflanzlicher Natur sein, auf Holz, Steinen oder Pflanzen, dann handelt es sich um Algen. Wenn er tierischer Natur ist, dann zählen z. B. Glockentierchen (*Vorticella*) oder Pantoffeltierchen (*Paramecium*) dazu.

Im Fachhandel werden heute diverse Trockenfuttersorten für Krebse und Garnelen angeboten. Verfüttern Sie die Tabletten oder Granulate sehr sparsam, denn gerade Zwerggarnelen ernähren sich hauptsächlich von den Mikroorganismen, die sich nach einigen Wochen Standzeit in Ihrem Kleinst-Aquarium ohnehin ansiedeln. Eine spezielle Form der Nahrungsaufnahme zeigen Fächergarnelen wie *Atyopsis moluccensis*. Für diese nicht gerade einfach zu pflegenden Tiere müssen Sie in Ihrem Nano-Aquarium eine relativ starke Strömung einsetzen, entweder durch eine zusätzliche kleine Umwälzpumpe oder einen leistungsstarken Innen- bzw. Außenfilter. Die Tiere sitzen vor dem Wasserstrom und fangen mit ihren umgewandelten Scheren Nahrungspartikel wie Phyto- oder Zooplankton. Das Tier lernt, die Position zur Nahrungsaufnahme einzunehmen, wenn Sie immer zur gleichen Zeit fein geriebenes Granulatfutter in den Wasserstrom streuen. So können Sie die Fächergarnele genau beobachten.

Gemüse für Krebstiere

Gerne nehmen die Krebstiere auch mal frisch aufgetaute und gedämpfte junge Erbsen als Nahrungsquelle. Ebenso sind sie für Möhrenstücke, Blattspinat oder Gurkenscheiben zu haben, wenn diese kurz gegart wurden. Reste, die nach einer Stunde nicht vertilgt sind, entfernen Sie aus dem Nano-Aquarium.

Regelmäßigkeit

Am Anfang sind Sie enthusiastisch, geben sich Mühe, beobachten die Tiere sorgfältig und führen alle Pflegemaßnahmen für Ihr Nano-Aquarium durch – und vielleicht noch ein wenig mehr. Dann folgt bei Ihnen vielleicht eine abgeschwächte Form der Nachlässigkeit. Es wird der eine oder andere Teilwasserwechsel mal nicht durchgeführt, und die Futterreste auf dem Boden werden die Tiere schon fressen … Hier beginnt Ihr Hobby aus dem Ruder zu laufen.

Zwerggarnelen weiden gerne Mikroorganismen von feinfiedrigen Pflanzen ab.
Foto: H.-G. Evers

Erinnern Sie sich an den Vergleich des Erdwasservolumens mit Ihrem Nano-Aquarium? Wenn eine Wasserschnecke in 48 Mio. Kubikkilometern Wasser vergammelt und nicht entfernt wird, kann nichts passieren. Wenn diese Schnecke aber in Ihrem Kleinst-Aquarium dahinsiecht und in einer Ecke verrottet, hat das fatale Auswirkungen auf alle anderen Lebewesen in dieser Nano-Welt! Deswegen lege ich Ihnen hier noch einmal ans Herz, Ihren Mini-Kosmos regelmäßig zu pflegen. Sie möchten dauerhaft gesunde Tiere und ein ansehnliches Kleinst-Aquarium haben? Nachfolgend eine Liste der üblichen Pflegemaßnahmen in zeitlichen Abständen:

Übliche Pflegemaßnahmen im Nano-Aquarium	
Tägliche Pflege	Fütterung der Tiere und Beobachtung
	Kontrolle des technischen Equipments
	Kontrolle der Wassertemperatur
Wöchentliche Pflege	Teilwasserwechsel eventuell mit Wasseraufbereiter und Bodengrundreinigung mit Mulmglocke
	Kontrolle des Wasserstands und eventuell Auffüllen
	Test der Werte pH, KH, Nitrit, Ammoniak, Nitrat
Monatliche Pflege	Reinigung des Filtermaterials und eventuell des Impellers
	Test des Sauerstoffgehaltes
	Reinigen der Glasscheiben
	Pflanzen zurechtschneiden und düngen
Weiteres	Leuchtstofflampe nach einem halben Jahr wechseln

Jedes Tier, wie hier der Zwergschmuckkärpfling (*Neoheterandria elegans*), verlangt nach regelmäßiger Pflege.
Foto: H.-G. Evers

Je nach Größe des Beckens können die Pflegemaßnahmen ein wenig variieren, diese Aufstellung gibt Ihnen aber einen grundsätzlichen Überblick. Führen Sie Tagebuch über Ihre Arbeiten in der Miniwelt. Wenn Sie Zusätze verwenden, wie Wasseraufbereiter oder Düngemittel, berechnen Sie die einzusetzenden Mengen immer nach dem Netto-Wasservolumen,

d. h. der Wassermenge, die Sie tatsächlich in Ihr Nano-Aquarium einfüllen, denn Deko, Pflanzen und Bodengrund nehmen Platz weg.

Ich möchte kurz auf die „Altwasser-Theorie“ zu sprechen kommen: „Das Aquarienwasser ist umso besser, je älter es ist“. Diese altüberlieferte Regel aus der Mega-Aquaristik ist sehr zweifelhaft und in einem Nano-Aquarium sicher nicht gültig. Wenn man von einem biologischen Gleichgewicht in einem Aquarium spricht, dann meint man nicht dasselbe wie in der Natur. Denn dieses kann in keiner künstlichen Welt nachvollzogen werden. Wir müssen also mit Teilwasserwechseln nachhelfen, sonst leiden die Tiere!

„Frühjahrsputz“ oder Komplettreinigung

Viele Aquarianer sind der Meinung, man solle ein Aquarium niemals komplett reinigen. Irgendwann muss es aber doch mal sein. Deswegen widme ich der Komplettreinigung ein eigenes Kapitel.

Bei einer Komplettreinigung muss der Bodengrund mit einer sogenannten Mulmglocke, die Sie im Fachhandel erhalten, gereinigt werden. Die Pflanzen werden zurechtgeschnitten oder auch durch neue ersetzt. Von dem technischen Equipment wie Filter oder Thermometer werden Algen entfernt. Wenn Tiere da sind, stehen sie natürlich im Mittelpunkt, deswegen arbeiten Sie bedacht, aber zügig, denn wie fühlen Sie sich, wenn Sie im Eimer sind? Setzen Sie also vorsichtig Minifische und die anderen Aquarientiere mit einem Teil des Aquarienwassers in einen anderen Behälter, in dem Sie möglichst den Filter weiter in Betrieb nehmen können. Ersetzen Sie niemals alles Filtermaterial auf einmal. Halten Sie es, wenn der Filter für kurze Zeit außer Betrieb ist, wenigstens feucht, nicht nass, und bei Raumtemperatur, damit die nützlichen Bakterien diese Prozedur überleben. Auch der eingesetzte Bodengrund wie feiner Kies oder Sand darf nur wenig durchgespült werden. Nun noch ein Wort unter uns Frauen und zu den Hausmännern: Kochen Sie niemals Kies oder Filtermaterialien aus dem Aquarium aus, denn das würde Sie an den Anfang katapultieren und damit alles Leben ausrotten, das sich im Lauf der Standzeit des Aquariums angesiedelt hat. Sie möchten es ja wahrscheinlich sehr sauber haben, doch halten Sie sich am besten auch bei der regelmäßigen Reinigung zurück – setzen Sie niemals Putzmittel oder Ähnliches ein! Auch wenn Sie denken, „das ist doch eine alte Leier, das weiß doch jedes Kind“ – es wird trotzdem immer wieder falsch gemacht, und der Sinn für das Reine kommt immer wieder durch. Um Kalkreste zu entfernen, nimmt man am besten das altbewährte Hausmittelchen, ein wenig verdünnten Zitronensaft. Entfernen Sie Reste der Säure mit Leitungswasser. Warum haben Sie sich für ein Nano-Aquarium entschieden? Vielleicht u. a., weil Sie nur wenig Platz und Aufwand investieren möchten – sowohl die komplette Überholung als auch die regelmäßigen Reinigungsschritte sind, wie Sie sehen können, keine große Sache!

Neu einrichten?

Während man in der Mega-Aquaristik davon spricht, alle 8–10 Jahre ein Aquarium neu einzurichten, können Sie Ihr kleines Tisch-Aquarium vielleicht einmal im Jahr überholen. Vielleicht läuft es aber auch fünf Jahre rund. Jedes Nano-Aquarium ist anders, deswegen ist das Hobby ja auch so spannend! Die Lebensspanne der Nano-Tiere ist nicht so lang, sodass Sie sich vielleicht auch nach dem Ableben der Aquarienbewohner dazu entscheiden, mal einen anderen Tierbesatz auszuprobieren.

So könnte es aussehen

Zunächst möchte ich Ihnen einige Tipps zum Kauf der Tiere im Zoofachgeschäft geben, damit Sie lange Freude an Ihren Nano-Lebewesen haben.

Ist das Nano-Aquarium vorbereitet und mindestens eine Woche eingefahren? Lassen Sie sich ein wenig Zeit mit dem Tierkauf, denn Vorfreude ist bekanntlich die schönste Freude.

Es wird spannend, denn nun möchte ich Ihnen gerne Beispiele für den Tierbesatz und die Ausstattung Ihres Mini-Aquariums geben. Alles, womit Sie Ihr Aquarium ausstatten, richtet sich nach den Tieren, die Sie halten möchten. Die folgenden Beschreibungen sollen Ihnen verdeutlichen, wie viele unterschiedliche Lebensräume im Kleinen nachempfunden werden können. Hierbei ist es günstig, eine möglichst naturnahe Aquariengestaltung anzustreben, um den Lebewesen die bestmöglichen Umweltbedingungen zu bieten.

Grundsätzliches zum Tierkauf
Suchen Sie sich einen kompetenten Zoofachhändler, dem Sie vertrauen können.
Informieren Sie sich vorab über die Lebensgewohnheiten Ihrer Nano-Tiere.
Schauen Sie sich die Tiere vor dem Kauf genau an. Wirken sie gesund, normal gebaut, aktiv, „neugierig“ und arttypisch gefärbt?
Planen Sie den Einsatz bestimmter Tiere und halten Sie sich daran. Tätigen Sie keine Spontankäufe!
Informieren Sie sich über die Haltungsbedingungen wie Fütterung und Wasserwerte in der Verkaufsanlage, damit Sie zu Hause alles nachvollziehen können.
Vergesellschaften Sie nicht Tierarten aus in ihren Grundbedingungen unterschiedlichen Lebensräumen.
Der Transport der Tiere in das neue Zuhause sollte sicher und zügig stattfinden. Die Lebewesen stehen im Mittelpunkt!

Prächtig gefärbte und gesunde Zwergbärblinge (*Boraras maculatus*)
Foto: B. Kahl

Für alle hier angeführten „Musteraquarien“ habe ich die Werte des Leitungswassers aus meiner Region eingesetzt. Gegebenfalls müssen Sie Ihre verändern, damit Minifisch und Co. sich wohl fühlen:

pH 7,5	Durch Torfextrakt kann dieser Wert z. B. für Killifische gesenkt werden.
KH 4	ausreichend, weil sie den pH-Wert puffert
GH 15 °dH	Grenzwert, wird aber nicht geändert
NO_3^- = 10 mg/l	Ideale Ausgangsbedingungen
NO_2^- = 0 mg/l	Wo sollte Nitrit auch herkommen?

Der Killifisch *Aphyosemion australe*

Das Killifisch-Aquarium

Großartige Aquaristik, kleines Aquarium: Beginnen wir mit einem 20-l-Aquarium für die Haltung von Killifischen der Art *Aphyosemion australe* (Kap-Lopez-Prachtkärpfling). Hierbei handelt es sich um sehr friedfertige Tiere, die auch durchaus in größeren Aquarien mit anderen ruhigen Fischen vergesellschaftet werden können. Das Nano-Aquarium wird dicht bepflanzt und mit Holz ausgestattet, sodass es für die Zucht dieser Tierart geeignet ist. Es werden ein Männchen und zwei Weibchen eingesetzt.

Das „nackte" Aquarium, ausgerüstet mit der notwendigen Technik

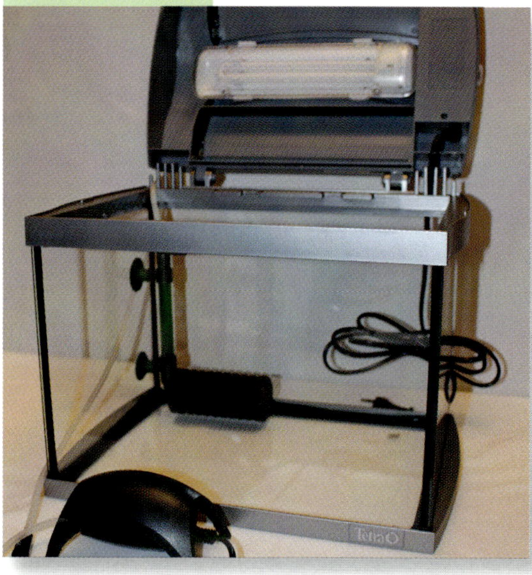

Bei dem Nano-Aquarium mit den Grundmaßen 35 x 25 x 25 cm handelt es sich um ein Komplettset mit einem luftbetriebenen Innenfilter und einer 11-W-Leuchtstoffröhre. Der Hersteller wirbt hier für ein Aquarium, das ausschließlich für die dauerhafte Haltung von Zwerggarnelen geeignet sei. Diese Killifischart ist jedoch dauerhaft in einem solchen Nano-Aquarium zu halten. Zusätzlich befinden sich wie in vielen kompletten Systemen Wasseraufbereiter und ein Futtermittel in dem Karton.

Der Bodengrund

Zunächst wurde das Aquarium auf Transportschäden untersucht und eine kleine Probefüllung vorgenommen, um die Dichtheit der

Der Kies muss gründlich gereinigt werden.

Silikonnähte zu überprüfen. Bei den heutigen Aquarien besteht kaum noch Raum für Beanstandungen. Dann werden 5 kg des natürlich aussehenden Kieses mit einer Körnung von 2–4 mm gründlich gewaschen. Gerade diese Art von Bodengrund ist sehr staubig, und es erfordert einige Zeit Geduld, bis nur noch klares Wasser im Eimer zu erkennen ist. Reinigen Sie den Kies in einer unempfindlichen Spüle, die kleinen Sandkörner verursachen sonst unangenehme Kratzer in der Acryl-Eckwanne.

Füllen Sie den Kies in das leere Aquarium, vorne sollte eine Schicht von etwa 3–4 cm vorhanden sein, die dann nach hinten ansteigt, damit größere Hintergrundpflanzen mit ihren Wurzeln guten Halt finden.

Von Bodenheizung und Bodengrunddüngung wird hier abgesehen.

Die Deko

Setzen Sie Savannenholz aus Afrika ein, das ebenfalls zuvor gründlich gereinigt wurde. Es dient nicht nur als Dekomaterial, sondern nimmt auch im natürlichen Lebensraum der Fische einen hohen Stellenwert ein. Das stark geschwungene Holz bietet den kleinen Fischen Schutz und kann mit kleinwüchsigen Pflanzen wie *Anubias nana* „Bonsai“ wunderbar dekoriert werden. Hierzu werden die Pflanzen, bevor das Holz eingesetzt wird, mit Nylonband vorsichtig umwickelt, ohne dabei die empfindlichen Wurzeln oder die Blätter zu quetschen, und auf dem Holz fixiert. Da es sich bei Vertretern der Gattung *Anubias* nicht unbedingt um schnellwüchsige Pflanzen handelt, wird es einige Zeit dauern, bis die Pflanzen fest verankert sind. Erst dann sollte das Nylonband, wenn es überhaupt noch sichtbar ist, entfernt werden. Das Holz wird nun in das Aquarium gelegt. Fest und stabil sollte es positioniert sein, damit es bei der Reinigung nicht versehentlich umgestoßen wird.

Wenn Dekoration und Technik perfekt sitzen, wird das Aquarium bis zur Hälfte mit Wasser befüllt. Anschließend werden die Pflanzen eingesetzt.

Die Technik

Nun wird der Innenfilter installiert. Da es sich bei diesem Modell um einen luftbetriebenen Innenfilter handelt, sollte er möglichst im Wasser „schweben". Vermeiden Sie, dass der Filterschwamm auf dem Boden aufliegt, hierdurch würden zu viele Luftblasen aus dem Ausströmer herausgeschleudert, sodass die Wasseroberfläche blubbern würde. Für die Killifische müssen Sie keine Heizung installieren. Ihre „optimale" Temperatur liegt zwischen 20 und 25 °C – die erreichen wir allemal in diesem geschlossenen Kleinst-Aquarium. Wir müssen noch eher über die Sommermonate hinweg darauf achten, dass die Temperaturen nicht zu hoch steigen, denn dann kann es schnell zu einem Sauerstoffmangel im Wasser kommen. Ein Mini-Aquarienthermometer ist also Pflicht, und wird das Wasser zu warm, helfen Kühlakkus auf der Wasseroberfläche oder Frischwasserzufuhr. Da die Lampe schon im Deckel steckt, müssen wir uns um die Beleuchtung keine Gedanken machen. Hierbei handelt es sich um eine 9-W-Leuchtstofflampe mit einer Lichttemperatur von 2.800 K. Zugegeben, das ist keine ideale Lichtquelle für den Amerikanischen Wassernabel, der das Aquarium im Vordergrund schmückt. Darum ist von Anfang an klar, dass durch Schwimmpflanzen und den Zusatz eines Torfextraktes die Lichtintensität so weit reduziert wird, dass der Lichtkompensationspunkt dieser Pflanze nicht erreicht wird – sonst ginge *Hydrocotyle verticillata* nach kurzer Zeit ein. Eine Zeitschaltuhr ahmt den natürlichen Tag/Nacht-Rhythmus nach.

Das Wasser

Wasser marsch! – Aber langsam … Befüllen Sie Ihr Aquarium bis ca. zur Hälfte mit Wasser. Ein kleiner Unterteller auf dem Kies im Aquarium fängt die Flut an temperiertem Leitungswasser auf. Der Sauerstoffgehalt wird erst am nächsten Morgen gemessen, kurz bevor im Aquarium „die Sonne aufgeht". Versetzen Sie das Wasser mit Wasseraufbereiter, wenn Sie geringe Kontamination mit Schwermetallen oder Chlor nicht ausschließen können. Sehr wahrscheinlich werden sich die Wasserwerte bei Ihnen im Trinkwasser von den oben aufgeführten unterscheiden. Wenn Sie Parameter verändern müssen, um den Killifischen in Ihrem Nano-Aquarium einen geeigneten Lebensraum zu schaffen, dann führen Sie das regelmäßig durch, denn Wasserwerte sind sehr instabil und nehmen schon nach einigen Tagen häufig wieder ihre „Ausgangsposition“ ein. Wie Sie die Wasserwerte an den Tierbesatz anpassen, haben Sie ja schon im Kapitel „Das Wasser“ (ab S. 41) erfahren.

Schon nach kurzer Zeit bildet der Kleine Froschbiss neue Blätter.

Die Pflanzen

Dann setzen Sie die weiteren Pflanzen ein. Hier wurden eine schnellwüchsige Art, das Rote Mooskraut (*Mayaca fluviatilis*), das mit seinen roten Sprossspitzen auffällt, mit dem langsam wachsenden Amerikanischen Wassernabel (*Hydrocotyle verticillata*) kombiniert. Die Schwimmpflanze *Limnobium laevigatum* (Kleiner Froschbiss) schattet Teilbereiche im Aquarium ab und bietet den Killifischen in ihren Wurzeln Versteckräume. Sie entzieht dem Wasser überschüssige Nährstoffe und hemmt somit das Algenwachstum. Die Vermehrung dieser Pflanze erfolgt über Ausläufer, wie bei vielen Schwimmpflanzen. Sie können dann noch eine Pflanze einsetzen: Javamoos (*Taxiphyllum barbieri*) sieht, vorkultiviert und befestigt auf einem Vulkanstein im Vordergrund, sehr schön aus. Dieser Pflanze reicht die geringe Lichtintensität aus.

Das Zwergspeerblatt schmückt das schon eingesetzte Holzstück. Setzen Sie die Pflanzen nicht zu dicht, sondern verteilen Sie sie über die gesamte Fläche auf dem Bodengrund, denn nur so können sie sich richtig ausbreiten. Andernfalls könnten Sie faulen, weil sich die Pflanzenstängel gegenseitig im Weg stehen. Zusätzlich wird das Teichlebermoos (*Riccia fluitans*) eingesetzt, das eine Ecke im Nano-Aquarium „verkrautet“. Hierzu geben Sie die lose Masse an Blättern in ein Haarnetz, das mit einem Stein beschwert wird, damit es absinkt. Schon nach kurzer Zeit wächst das Moos aus dem Haarnetz hervor und bildet ein dichtes Polster.

Riccia fluitans – für stark verkrautetes Wasser, so wie es der Killifisch verlangt
Foto: B. Kahl

Die Pflanzen werden vorbereitet (Bilder oben) und platziert (Bild unten).

Nun wird noch einmal nachgeschaut, ob der Filter für die Reinigung zugänglich ist, und dann wird das Wasser bis 1–2 cm unter den Rand aufgefüllt. Nun wird das technische Equipment in Betrieb genommen.

Hierbei empfehle ich eine Zeitschaltuhr für das Licht. Stellen Sie die Beleuchtungsdauer auf insgesamt zwölf Stunden täglich ein. Sie erreichen niemals die Lichtintensität, wie sie die Sonne den Pflanzen in der Natur bietet, daher ist so eine lange Lichtphase für einen Besatz mit sonnenhungrigen, aber auch Halbschatten-Pflanzen, die sie dunkler platzieren, sinnvoll. Wenn Sie allerdings nur Pflanzen einsetzen, die ihr Dasein im Schatten fristen – diese Angaben erhalten sie häufig über die Etiketten der Pflanzen beim Kauf –, dann reicht häufig schon eine Beleuchtungsdauer von 9–10 Stunden aus. Wenn Sie nun mit Ihrem Mini-Kosmos zufrieden sind, dann testen Sie noch einmal das Wasser: Mindestens pH-Wert, KH, Nitrit-Gehalt, Nitrat-Gehalt und Ammoniak-Gehalt sollten bestimmt werden.

Die Tiere

Nachdem ein flüssiger Torfextrakt hinzugefügt wurde, der nicht nur auf natürliche Weise das Wasser desinfiziert, sondern auch den Killifischen einen naturnahen Lebensraum beschert und den pH-Wert geringfügig senkt,

Die Wasserwerte werden für den Fischbesatz überprüft (Bild links). Der pH-Wert ist etwas zu hoch ... Nach Zusatz von Torfextrakt sind die Wasserwerte perfekt vorbereitet. Das Aquarium steht noch 1–2 Wochen, dann kommen die Fische (Bild rechts).

können die Fische eingesetzt werden. Warten Sie aber noch einige Tage ab, denn in einigen Aquarien treten durch die Verrottung von Pflanzenteilen gefährliche Konzentrationen an Ammoniak und Nitrit auf. Testen Sie daher nach der Neueinrichtung jeden Tag die giftigen Parameter, und sind diese so gut wie nicht mehr nachzuweisen, werden die Tiere eingesetzt. Hierzu wird der Transportbeutel geöffnet, umgekrempelt und auf die Wasseroberfläche gelegt. Dadurch gleicht sich die Wassertemperatur im Beutel an die im Mini-Aquarium an. Nach 15 Minuten füllen Sie 100 ml Wasser aus dem Aquarium in den Beutel um. Wiederholen Sie diesen Vorgang alle 5 Minuten. Nach einer halben Stunde können Sie dann ein wenig von dem Transportwasser aus dem Beutel über ein Edelstahlsieb in einen Eimer laufen lassen, danach können die Fische mit dem restlichen Wasser in das Aquarium schwimmen. So setzen Sie die Tiere möglichst stressfrei ein. Die Fische werden das erste Mal am nächsten Tag gefüttert, und zwar mit Trockenfutter. Man spricht in Fachkreisen immer von einer Messerspitze Futter, die ausreichend sei, oder einer Prise ... Am besten erlegen wir den Fischen noch einen Abstinenz-Tag pro Woche auf – da gibt es gar nichts. Fische sind in der Natur ständig auf Nahrungssuche. Irgendetwas finden sie immer. Zum natürlichen Nahrungsangebot zählen pflanzliches oder tierisches Plankton, Einzeller, Algen, Pflanzen und Früchte sowie Wirbellose und Fische. Wenn es sich um Jungfische handelt, die in der Wachstumsphase sind, ist mehrmalige tägliche Fütterung Pflicht. Ausgewachsene Minifische und Wirbellose finden im Nano-Aquarium z. B. Aufwuchs auf Holz oder Steinen, hier kann darum auch mal der erwähnte Diättag eingelegt werden. Futterreste verderben sehr schnell und reichern das Wasser mit Nitrat und Phosphat an. Bei dem begrenzten Wasservolumen im Nano-Aquarium haben Sie sehr schnell ein Ungleichgewicht. Entfernen Sie daher alles, was nicht gefressen wurde, mit einem Luftschlauch.

Einige Tage nach dem Einsetzen der Fische

Die Pflege

Wie viel Arbeit bedeutet dieses Aquarium? Machen Sie sich selbst ein Bild:

Tägliche Pflege

Die Killifische werden jeden Tag abwechslungsreich mit Trockenfutter und mit Futtertieren gefüttert und dabei genau beobachtet. Schauen Sie nach dem Filter und seiner Leistung und kontrollieren Sie die Wassertemperatur. Diese kann zwischen 20 und 25 °C liegen. Innerhalb der ersten beiden Wochen nach der Einrichtung sollten sie die Wasserwerte Ammoniak, Nitrit, Nitrat, pH und KH täglich messen, danach reicht es, wenn Sie sich einmal in der Woche einen Überblick verschaffen.

Wöchentliche Pflege

Neben der Kontrolle der Wasserwerte müssen Sie einmal in der Woche einen Teilwasserwechsel durchführen. Lockern Sie zunächst mit einer Präpariernadel oder einem Spatel den Bodengrund auf, damit Abfallstoffe an die Oberfläche transportiert werden. Dann saugen Sie ca. 5 l Wasser mit Hilfe eines Luftschlauches aus dem Aquarium ab, wobei sie den Schlauch auch über den Bodengrund führen, um kleinere Pflanzenteile und Fischkot zu entfernen, und füllen frisches, mit Torfextrakt und eventuell Wasseraufbereiter versetztes Wasser wieder auf. Dieses sollte eine ähnliche Temperatur haben, wie sie im Aquarium vorherrscht.

Monatliche Pflege

Hat sich der Filterschwamm fast zugesetzt, werden Algen, Fischkot oder Pflanzenreste mit einem Luftschlauch entfernt. Das Filtersubstrat sollte so wenig wie möglich gereinigt werden, da sich hier ein großer Teil der Filterbakterien angesiedelt hat. Wenn Sie die Öffnung des Auslaufrohres des Filters über die Wasseroberfläche ziehen, positionieren Sie einen kleinen Messbecher darunter und halten Sie die aufgefangene Wassermenge in einem Zeitraum von 30 Sekunden fest. Vergleichen Sie das mit dem Wasservolumen in dem Messbecher nach der Neueinrichtung bzw. nach einer Reinigung des Filters. Wenn das Gerät nur noch ein Drittel des ursprünglichen Wasservolumens filtert, müssen Sie den Schwamm doch mal reinigen. Düngen Sie auch die Pflanzen.

Weiteres

Natürlich siedeln sich immer mal wieder einige Algen an den Scheiben an, sodass Sie diese mittels einer Rasierklinge säubern müssen. Auch im Deckel kann sich durch Kondenswasser eine kleine Kruste bilden, bestehend aus Kalk und Algen. Entfernen Sie diese vorsichtig über dem Spülbecken mit ein wenig Zitronensaft. Achten Sie darauf, dass von der Lösung nichts in das Aquarium tropft! Wechseln Sie nach einem halben Jahr die Leuchtstofflampe. Sie werden bei der Installation der neuen Beleuchtung mit dem bloßen Auge erkennen, wie intensiv das Lichtspektrum des Leuchtmittels reduziert war. Das wäre es so weit ...

Auch so kann ein Zuhause eines Killifisch-Pärchens aussehen.
Foto: B. Kaufmann

Die Geweih-Schnecke (*Clithon* sp.)

Das Schnecken-Becken

Die Blumenvase mutiert zur Nano-Welt.

Kommen wir zu einem eher außergewöhnlichen Nano-Aquarium, in das Geweih-Schnecken (*Clithon sowerbyana*) eingesetzt werden – hierbei handelt es sich um eine runde Blumenvase. Liebe Frauen, diese könnte auch nur mit Unterwasserpflanzen dekoriert werden und zum nächsten Brunch mit Freunden auf der Mitte des Esstisches ihren Platz finden. Der Filter in der Mitte ist nicht unbedingt notwendig, wenn Sie alle 2–3 Tage die Hälfte des Wassers austauschen. Durch die runde Form des Gefäßes haben Sie einen „unendlichen" Blick in die Unterwasserwelt, daher sollte es frei platziert werden. Die Schnecken leben in der Natur sowohl im Brack- als auch im Süßwasser. Ebenso wie bei der berühmten Zebra-Rennschnecke (*Vittina coromandeliana*) entwickeln sich die Larven aber nur im Brack- oder im Meerwasser.

Der Bodengrund

In dieses Nano-Aquarium mit einer Höhe von 21,5 cm und einem Durchmesser von 20 cm werden sehr heller, feinkörniger Kies und einige gröbere Steine im gleichen Farbton eingefüllt, und zwar zur Vasenmitte hin ansteigend. Der helle Untergrund bildet einen schönen Kontrast zu den schwarz geringelten Tieren. Der Kies wird in einem kleinen Eimer gut gereinigt, insgesamt werden 1,5 kg für die Glasvase benötigt. Dann wird das Substrat 5 cm hoch eingefüllt. Aus ästhetischer Sicht wurde hier auf einen Bodengrunddünger verzichtet, in der runden Glasvase sieht ein heller und gleichmäßig verteilter Kies besser aus.

Scheut man häufige Wasserwechsel, muss ein passender Filter installiert werden. Hier ist es ein Luftheber-Filter.

Die Technik

Als Filter wird wieder ein luftbetriebener Innenfilter eingesetzt. Dieser wird in die Mitte gestellt, nachdem der Luftschlauch angeschlossen wurde, der von einer kleinen Luftpumpe mit einer Leistung von 50 l/h ausgeht. Hier wird natürlich wieder ein Rückschlagventil installiert, und die Pumpe wird nicht gedrosselt. Ein wasserdichtes Mini-Thermometer wird in das Aquarium gehängt. Da dieses Aquarium im Raumteiler dunkel platziert ist, wird eine intensive Lichtquelle ausgesucht. Denn gerade das eingesetzte Perlenkraut (*Heminanthus micranthemoides*) ist lichtbedürftig, sonst wächst es rasch zu sehr. Über dem offenen Nano-Aquarium wird eine Schreibtischleuchte in einer Entfernung von 20 cm platziert. Die Lampe hat eine Energieaufnahme von 11 W und eine mittlere Lichttemperatur von 5.600 K.

Das Wasser wird vorsichtig mit einer 0,5-l-Flasche aufgefüllt.

Das Wasser

Dann wird das Wasser mit Hilfe einer 0,5-l-Glasflasche aufgefüllt. Hierbei handelt es sich um Trinkwasser mit Wasseraufbereiter. Die Geweih-Schnecke gehört, wie bereits erwähnt, zur Fraktion der Tiere, die sich im Brackwasser fortpflanzen. Wenn Sie die Wirbellosen züchten möchten, müssen Sie also den Salzgehalt im Wasser erhöhen. Mit Meersalz aus dem Zoofachhandel wird eine 1,6%ige Lösung hergestellt und auf den Luftheber-Filter gegeben, damit eventuelle Staubpartikel vom Bodengrund nicht aufgewirbelt werden. Damit sich die Salzkristalle vorab im Wasser besser lösen, können Sie kleine Portionen hintereinander hinzufügen und immer gut vermengen, bis das Wasser klar ist, oder Sie durchlüften mit einer Luftpumpe das mit Salz versetzte Wasser für einige Stunden in einem gesonderten Gefäß. Kochsalz (Natriumchlorid) alleine ist nicht für die Herstellung von Brackwasser geeignet. Darin fehlen nämlich

Die Pflanze *Hemianthus callitrichoides* „Cuba" wird mit einer Pinzette eingesetzt.

wichtige Spurenelemente und Mineralstoffe, die Sie nur im Meersalz finden. Das Gefäß, mit dem Sie Ihre Miniwelt befüllen, sollte keine Plastikflasche sein, da diese für die Wirbellosen bedenkliche Stoffe abgibt.

Die Pflanzen

Die in das Nano-Aquarium normalerweise eingesetzten Pflanzen gedeihen nicht im Brackwasser. Schon eine Meersalzkonzentration von 1 % tötet das Grünzeug. Die Pflanzen müssen daher nach einigen Wochen ausgetauscht werden. Wenn Sie einen Zuchtansatz fahren, setzen Sie einige Cryptocorynen wie *Cryptocoryne ciliata* oder die Salzbunge (*Samolus valerandi*) ein. Für das Nano-Aquarium, das mit Süßwasser befüllt wurde und in das zum Schluss netto 4 l Wasser hineinpassen, wurde die sehr kleinwüchsige Pflanze *Hemianthus callitrichoides* „Cuba" für den Randbereich ausgesucht. Hierbei handelt es sich um ein Perlenkraut, das bei starker Beleuchtung eine Wuchshöhe von höchstens 3 cm erreicht und schnell einen Teppich im Bodengrund bildet. Ich empfehle Ihnen, für diese Pflanze einen Flüssigdünger einzusetzen, da eine Düngetablette im feinen Wurzelwerk schlecht unterzubringen ist. Auch für das eingesetzte Javamoos (*Taxiphyllum barbieri*) ist das Flüssigdüngepräparat am besten geeignet. Es soll den Luftheber abdecken und wird auf dem Schwamm mit einem feinen Haarnetz fixiert. Die Blätter des Perlenkrautes, die sich eventuell auf dem Javamoos vor dem Filter sammeln, können einfach mit Hilfe einer feinen und spitzen Pinzette entfernt werden. Der Filter wird demnach niemals zur Reinigung herausgenommen, sodass das Moos auch nicht im Weg ist.

Nachdem der Randbereich bepflanzt war, wurde der Luftheber mit Javamoos abgedeckt. Durch die Beleuchtung finden sich bald Algen ein, die Voraussetzung für den Einsatz der Schnecken sind. Ein Untermieter hat es sich schon bequem gemacht – eine Blasenschnecke (*Physa* sp.) hing wohl an einer Pflanze.

Die Tiere

Warten Sie 1–2 Wochen, bevor Sie die Tiere einsetzen, denn dann sind weder Ammoniak noch Nitrit im Wasser nachweisbar, und Sie gehen auf Nummer sicher, dass sich ausreichend Algen angesiedelt haben, die Nahrungsgrundlage für die Schnecken sind. Fischfutter nehmen die Tiere allerdings auch manchmal an. Nehmen Sie hierzu Grünfuttertabletten. Eine Tablette pro Woche ist ausreichend für die fünf Geweih-Schnecken. Wie andere Aquarienbewohner werden auch die Schnecken langsam an die neuen Wasserverhältnisse vom Transportbeutel in das Nano-Aquarium eingewöhnt. Die Wassertemperaturen werden zunächst wie schon oben beschrieben angeglichen, dann wird Wasser aus dem runden Mini-Aquarium in den Transportbeutel gegeben. Gleichen Sie die Wasserwerte eine Stunde an diejenigen im Nano-Glasbecken an, dann können Sie die Wirbellosen übersiedeln.

Der Luftheber blubbert und filtert das Wasser ...

Die Pflege

Bei der hier herrschenden geringen Besatzdichte kommen sehr wenige Pflegemaßnahmen auf Sie zu:

Tägliche Pflege

Beobachten Sie die Tiere genau – sind die Schalen unversehrt und sind die Tiere aktiv? Überprüfen Sie in den ersten zwei Wochen die Wasserwerte pH, KH, Ammoniak, Nitrit und Nitrat täglich, danach nur noch einmal die Woche. Stimmt die Wassertemperatur, und funktioniert die Technik einwandfrei?

Wöchentliche Pflege

Der wöchentliche Teilwasserwechsel hält nicht nur den Nitrat- oder Phosphatgehalt auf einem niedrigen Niveau, sondern stabilisiert auch die Wasserhärte und den pH-Wert im Nano-Aquarium. Durch die Verdunstung über die offene Wasseroberfläche und das geringe Wasservolumen in der Glasvase können sich diese Wasserwerte nämlich schnell ändern. Tauschen Sie 1 l des Wassers aus dem Glasbecken gegen frisches, temperiertes, eventuell mit Wasseraufbereiter versetztes Wasser aus. Beim Zuchtansatz müssen Sie wieder frisches Brackwasser herstellen. Bei trockener Umgebungsluft füllen Sie Wasser nach, das verdunstet ist – auch zum Nachfüllen von verdunstetem Brackwasser nehmen Sie dafür reines Süßwasser.

Monatliche Pflege

Eventuell müssen Sie jetzt den Filter reinigen. Hierzu gehen Sie vorsichtig mit dem Luftschlauch über den Schwammfilter und regulieren dabei den Sog durch eine Schlauchklemme.
Sie kennen das: Sie möchten die Tiere beobachten, und da fallen Ihnen auf der Glasscheibe hässliche, grüne Flecken auf. Die brauchen Sie aber hier nur selten entfernen, denn oft werden diese Algen schon am nächsten Tag von den Aquarienbewohnern vertilgt. Die Schnecken drehen im Glasbehälter schon ihre Runden und werden auch diese Stellen nicht aussparen. Wenn es allerdings zu grün wird, helfen Sie ein wenig mit einer Rasierklinge nach. Düngen Sie die Pflanzen regelmäßig. Die starke Beleuchtung fördert das Pflanzenwachstum und zehrt dadurch viele Nährstoffe.

Wird das Nano-Aquarium ohne Technik auf dem Esstisch platziert, muss alle 2–3 Tage ein Teilwasserwechsel durchgeführt werden. Die Pflanzen werden aus Lichtmangel schlecht wachsen, sodass sie ab und an ausgetauscht werden müssen – empfehlenswert sind dann Schattenpflanzen wie hier Becketts Wasserkelch (*Cryptocoryne beckettii*)

Die Gelbe Zwerggarnele (*Neocaridina heteropoda* var. „Yellow“)

Das Garnelen-„Luxushaus“

Hier möchte ich ein 10-l-Nano-Aquarium mit den Maßen 20 x 20 x 25 cm in den Mittelpunkt stellen, in das ausschließlich Gelbe Zwerggarnelen (*Neocaridina heteropoda* var. „Yellow“) eingesetzt werden sollen. Das Aquarium ist ausgestattet mit einem Eckfilter und einer Tageslicht-Aufsteckleuchte mit 9 W Energieaufnahme und einer Farbtemperatur von 6.000 K. Unter Stress reagieren die gelben Garnelen wie viele andere Wasserorganismen auch, sie verblassen. Häufig erst nach einer Eingewöhnungszeit von einigen Tagen entfalten sie ihr leuchtendes Gelb. Bei dieser Art handelt es sich um eine Zuchtform, die sehr genügsam ist und sich mit anderen Garnelen im Aquarium arrangieren würde. Die Tiere werden ca. 3 cm lang und bevorzugen Temperaturen zwischen 15 und 26 °C. Eingesetzt werden zehn Exemplare.

Das zukünftige Garnelen-Zuhause

Der Bodengrund

Unter das Nano-Aquarium werden die Ausgleichsmatte und eine für die Terraristik entwickelte 8-W-Heizmatte gelegt. Hierdurch wird die Bodentemperatur geringfügig erhöht und eine Zirkulation verursacht, sodass Nährstoffe den Pflanzen besser zugeführt werden können. In das Nano-Aquarium wird nach Prüfung auf

Dichtheit ein spezielles Substrat eingefüllt, das aus natürlicher Erde gewonnen wurde und den pH-Wert im Boden so weit senkt, dass die Nährstoffe von den Pflanzen besser aufgenommen werden können. Die feinkörnige Bodenstruktur verhilft den Naturaquarien von Takashi Amano zum prächtigen Pflanzenwuchs, auf den im hier vorgestellten Aquarium ebenfalls viel Wert gelegt werden soll. Dann wird eine 1–2 cm hohe Schicht dunkler Aquariensand aufgefüllt. Dieser muss vorher gut durchgewaschen werden, um Staubpartikel zu entfernen. Nicht selten ist es auch in meinen Versuchsaquarien passiert, dass trotz gründlicher Reinigung der Kies für die empfindlichen Zwerggarnelen nicht geeignet war und die Tiere nach kurzer Zeit starben. Aus Fehlern wird man schlau! Die Industrie bietet heute sogar explizit „Garnelen-Kies“ an, der absolut schadstofffrei ist. Vertrauen Sie darauf oder filtern Sie zunächst 1–2 Wochen über Aktivkohle, um eventuelle Schadstoffe, die sich aus dem Kies herauslösen, zu adsorbieren. Setzen Sie erst danach Tiere ein. Außerdem gehen Sie so kein Risiko ein, dass die Tiere an einer Ammoniak- oder Nitritvergiftung leiden. Die Pflanzen, die Sie in Ihr Nano-Aquarium einsetzen, werden auch mit Chemikalien zur Schädlingsbekämpfung behandelt. Auch hier sind Sie auf der sicheren Seite, wenn Sie das Nano-Aquarium vor dem Einsetzen der Tiere ca. zwei Wochen stehen lassen und alle 2–3 Tage einen Teilwasserwechsel durchführen, um die Stoffe zu entfernen. Danach können Sie beruhigt die Garnelen in Ihr Kleinst-Aquarium einziehen lassen. Wenn es sich um ein eingefahrenes Nano-Aquarium handelt, und Sie möchten nachträglich neue Pflanzen einsetzen, empfehle ich Ihnen dieselbe Prozedur in einem gesonderten Behälter. Hierbei handelt es sich um Vorsichtsmaßnahmen. Der Zoofachhändler Ihres Vertrauens kann Ihnen sicher auch Pflanzen empfehlen, die für die Haltung diverser Garnelen sofort geeignet sind.

Der Bodengrund wird durch fein granulierten natürlichen Boden aufgewertet.

Es bleibt viel Platz für die Pflanzen.

Die Deko

Der Boden wird mit einigen wenigen Basaltsteinen dekoriert. Diese wurden gründlich unter fließendem Wasser gespült. Viel größer darf die Dekoration im 10-l-Nano-Würfel nicht ausfallen. Kleine Stücke Seemandelbaumrinde, denen nachgesagt wird, dass sie Mikroorganismen reduzieren, finden im Vordergrund ihren Platz.

Die Technik nimmt nur wenig Platz ein (Bild links).

Füllen Sie das Wasser immer sehr langsam auf, um den Bodengrund nicht aufzuwirbeln (Bild rechts).

Die Technik

Der Innenfilter ist mit einer Filterkammer ausgestattet, die zur regelmäßigen Reinigung leicht entfernt werden kann. Der Ausströmer muss knapp unter der Wasseroberfläche platziert werden, damit sich diese leicht bewegt und keine Kahmhaut entsteht. Da die Gelben Zwerggarnelen keine hohen Ansprüche an die Wassertemperatur stellen, wird kein Regelheizer installiert. Die Temperatur wird durch ein kleines Thermometer im Wasser kontrolliert. Eine Abdeckscheibe über dem Nano-Aquarium verhindert, dass Spritzwasser in den Beleuchtungskörper hineingelangt, denn dieser ist von unten offen. Das Licht wird durch einen Reflektor verstärkt.

Die Pflanzen zeigen bei guter Beleuchtung schnell eine hohe Sauerstoffabgabe.

Das Wasser

Das mit einem Aufbereiter versetzte Wasser wird langsam über die Basaltsteine in das Mini-Aquarium hineingegeben. Hierzu wird eine Glasflasche verwendet, um den feinkörnigen Bodengrund und damit auch den natürlichen, nicht staubfreien Naturboden nicht aufzuwirbeln.

Die Pflanzen

Es werden drei unterschiedliche Pflanzenarten für das Garnelen-„Luxushaus“ ausgesucht. Der Hintergrund wird mit dem schnellwüchsigen Nixkraut *Najas guadalupensis* ausgekleidet. Diese Pflanze ist anspruchslos, wächst unter allen Bedingungen immer weiter,

Die ausgesuchten Pflanzen bieten viele Versteckmöglichkeiten für die Tiere und Ansiedlungsfläche für ihre Futterorganismen.

bildet innerhalb kurzer Zeit viele Verzweigungen und kann leicht vermehrt werden. Aus jedem noch so kleinen abgebrochenen Stück wächst eine neue Pflanze nach. Nach einer Woche müssen Sie das Nixkraut bei der oben erwähnten Beleuchtung schon mit einer feinen Schere stutzen. Die abgeschnittenen Spitzen können neu in den Bodengrund eingesetzt werden. Eine weitere Pflanze, die eingesetzt wird, ist das Fettblatt (*Bacopa australis*). Hierbei handelt es sich um eine Art aus Südamerika, die relativ anspruchslos ist und sehr schnell den Bodengrund auskleidet. Für diese Pflanze ist der eingesetzte natürliche Boden optimal! Als dritte und letzte Art wird das Teichlebermoos (*Riccia fluitans*) eingesetzt. Dieses Grünzeug erlebt seit der Nano-Aquaristik eine Renaissance. Normalerweise treibt das Teichlebermoos sich oben auf der Wasseroberfläche herum, hier wird es aber mit einem Haarnetz am Boden fixiert und kann von Zwerggarnelen auf Nahrungspartikel hin abgeweidet werden. Diese Pflanze benötigt nur wenig flüssigen Dünger. Weil sich das wurzellose Teichlebermoos nach einigen Wochen wieder an der Wasseroberfläche sammelt, kann als Alternative eine „Mooskugel“ (*Aegagropila linnaei*) eingesetzt werden. Hierbei handelt es sich nicht um ein Moos, sondern um eine Alge, die in der Natur gesammelt wird. Ihre Form erhält sie durch die Wasserströmung, in der sie hin und her gekugelt wird. Die Alge wächst sehr langsam und ist anspruchslos. Mooskugeln sind häufig innen hohl, können auch aufgeschnitten und dekorativ über Steine oder Wurzeln gestülpt werden. Eine wichtige Voraussetzung für die erfolgreiche Haltung von Garnelen in einem Nano-Aquarium ist eine große Ansiedlungsfläche für Einzeller, die solche Algen und Moose sowie kleinblättrige Pflanzen bieten.

Die Gelbe Zwerggarnele ist permanent auf Futtersuche, hier auf einer Mooskugel.
Foto: H.-G. Evers

Nach kurzer Zeit werden die Gelben Garnelen in ihrer vollen Pracht erscheinen.
Foto: H.-G. Evers

Die Tiere

Die Zwerggarnelen werden wie auch andere Wirbellose langsam in das Nano-Aquarium eingesetzt. Das bedeutet, zunächst werden die Wassertemperaturen angeglichen, dann wird über eine Stunde alle fünf Minuten Wasser aus dem Glasbecken in den Transportbeutel gegeben. Überschüssiges Transportwasser wird entfernt, und die Tiere können umgesiedelt werden. Bei dem begrenzten Wasservolumen empfehle ich Ihnen eine sehr geringe Fütterung mit Trockenfutter. Die Garnelen werden Aufwuchs wie Algen und Mikroorganismen von den Pflanzen oder der Seemandelbaumrinde absammeln und auch den Boden bearbeiten, wenn das Nano-Aquarium schon länger steht. Doch bringt die gezielte Fütterung sehr viel Freude, die Sie sich nicht nehmen lassen sollten. Nach einer Stunde muss das angebotene Futter vertilgt sein. Entfernen Sie danach Reste, damit sich keine überschüssigen Nährstoffe in der Mini-Welt anreichern können.

Die Pflege

Bei den Pflegearbeiten sollten Sie besondere Vorsicht walten lassen, weil sich die Zwerggarnelen doch sehr gut im Dickicht der Pflanzen verstecken können und auch mal übersehen werden. Auch der Nachwuchs ist natürlich immer stark gefährdet – und Nachwuchs kann sich bei konstant guten Wasserverhältnissen in diesem Aquarium sehr schnell einfinden …

Tägliche Pflege

Beobachten Sie die Tiere. Wenn Ihr Nano-Aquarium seinen Standort auf dem Schreibtisch gefunden hat, müssen Sie dazu nur mal Ihre Augen vom PC auf den Mini-Kosmos richten, oder zählen Sie die Tiere bei der Fütterung nach. Vielleicht entdecken Sie ja auch bald junge Garnelen. Testen Sie die Wasserwerte Ammoniak, Nitrit, Nitrat, pH und KH in den ersten zwei Wochen jeden Tag, danach einmal pro Woche. Ist die Wassertemperatur in Ordnung? 26 °C sollten nicht dauerhaft überschritten werden; geben Sie sonst kleine Mengen an kaltem, aufbereitetem Leitungswasser hinzu. Wenden Sie Ihren Blick, auch wenn es schwer fällt, von den Tieren auf das technische Equipment. Funktioniert es noch einwandfrei? Dann können Sie die emsigen gelben Garnelen weiter beobachten.

Wöchentliche Pflege

Führen Sie mit Hilfe eines Luftschlauches mit einer Schlauchklemme vorsichtig Teilwasserwechsel durch und entfernen Sie Mulm auf dem Boden, den Sie vorher mit einer Seziernadel an die Oberfläche transportiert haben. Entfernen Sie drei Liter aus dem „Luxushaus“ und ersetzen Sie diese durch temperiertes aufbereitetes Wasser. Für die Pflanzen benötigen Sie nur wenig Dünger, dosieren Sie aber regelmäßig nach.

Monatliche Pflege

Schaffen die Garnelen es nicht, Pflanzenreste oder Algen wegzuputzen, sollten Sie sie auf jeden Fall dabei unterstützen, damit das „saubere“ Gesamtbild erhalten bleibt. Das soll aber nicht zu Missverständnissen führen, denn klinisch rein sollte kein Aquarium sein. Stutzen Sie die Pflanzen und reinigen Sie den Filter teilweise, wenn die Leistung dieses Gerätes sich sichtbar verringert. Das wird wahrscheinlich erst zu einem späteren Zeitpunkt der Fall sein.

Weiteres

Krebstiere wachsen immer. Die Tiere „fahren regelmäßig aus ihrer Haut“, im jungen Alter häufiger als im hohen. Wenn die Tiere geschlechtsreif sind, gelten Sie noch nicht als ausgewachsen. Schon oft haben frischgebackene Garnelen- und Krebshalter die Exuvie als ein totes Tier angesehen. Hierbei handelt es sich aber nur um die alte Haut nach einer Häutung, die im Ganzen abgestreift wird.

Keine tote Garnele, sondern eine Exuvie, also eine abgestreifte Haut
Foto: B. Kahl

Möchten Sie vielleicht ein „Luxushaus" für die Blaue Tigergarnele einrichten?
Foto: B. Kahl

Problembehandlung

Schnecken sind nicht immer willkommen, ...

... aber Sie gehören in jedes Aquarium, auch in Ihr Nano-Glasbecken. Wenn Sie Ihr Mini-Aquarium eingerichtet haben, wird Ihnen nach einiger Zeit mal hier oder da eine Schnecke auffallen, die zufälligerweise mit einer Pflanze eingetragen wurde und sich jetzt langsam, aber sicher die Scheibe hochquält. Störend ist sie eigentlich nicht. Turmdeckelschnecken (*Melanoides tuberculata*) sorgen vor allem auch für eine Durchlüftung des Bodengrundes und verzehren gerne absterbendes Pflanzenmaterial. Die Rote Posthornschnecke (*Planorbis corneus*) gehört immer zum Inventar eines Aquariums. Auch diese Schneckenart ist kein Schädling, die Tiere müssen Sie aber trotzdem in Schach halten, bevor sie sich in den Filter setzen und dessen Durchflussleistung reduzieren. Die Spitzschlammschnecke (*Lymnaea stagnalis*) ernährt sich von Ihren gut gepflegten Nano-Pflanzen. Sie sollte sehr bald entfernt werden. Übrigens ist immer noch die Meinung verbreitet, dass in Trockenfuttersorten Schneckeneier vorhanden seien, die sich dann entwickelten. Hierbei handelt es sich natürlich um einen Irrtum. „Mit der neuen Pflanze aus dem Zoofachgeschäft habe ich mir eine Schneckenplage in mein Aquarium geholt".

Schnecken als Plage überwältigen schnell die Nano-Welt.

Dies ist nur halb wahr. Sicher hängen an den Pflanzen Schneckeneier, die sich auch weiterentwickeln. Finden die geschlüpften Tiere im Mini- oder Nano-Aquarium aber keine Nahrung, vermehren sie sich nicht weiter. Deswegen ist die regelmäßige Bodengrundreinigung ganz wichtig!

In der Mega-Aquaristik werden Schnecken z. B. mit verschiedenen Schmerlenarten bekämpft. Das ist in der Nano-Aquaristik nicht möglich. Aber eine sogenannte Raubschnecke (*Anentome helena*) ist seit einiger Zeit gern gesehener Gast auch in einem Nano-Aquarium. Hierbei handelt es sich um eine im Zoofachhandel erhältliche Art, die den kleinen Tellerschnecken zu Leibe rückt. Dieses Tier können Sie getrost zu den Garnelen oder kleineren Fischarten einsetzen. Mit ihrem gelb-schwarz geringelten Gehäuse wird die Schnecke ca. 2 cm groß und ist unermüdlich auf Nahrungssuche, sie muss immer mit Schnecken gefüttert werden. Grünzeugfresser ist sie nicht, und Trockenfutter nimmt sie ebenfalls nicht an. Hiermit gesellt sich ein weiterer dauerhafter Begleiter in Ihr Nano-Aquarium, den Sie allerdings immer mit kleinen Schnecken verwöhnen müssen.

Wenn Sie zur Schneckenbekämpfung keine weiteren Tiere einsetzen können oder möchten, empfehle ich Ihnen, die Tiere per Hand abzusammeln. Das kann durchaus mühselig sein. Oder Sie versuchen es mit dem Möhrentrick. Das Gemüse kann als Köder gut gewaschen auf den Bodengrund ins

Die Raubschnecke *Anentome helena* reduziert innerhalb weniger Tage den unerwünschten Schneckenbesatz.

Aquarium gelegt werden, und über Nacht werden die Schnecken es belagern, sodass man die Möhre samt dem Berg an Schnecken morgens aus dem Aquarium entfernen kann. Nach 3–4 Wochen und täglich frischer Möhrengabe stellt sich dann auch hier ein Erfolg ein. Nicht aufgeben!

Vielleicht haben Sie aber auch das Glück, und bei Ihnen im Nano-Aquarium findet sich eine Blasenschnecke der Gattung *Physa* ein. Diese Schnecke wird ca. 6 cm lang und „rennt" schneller als jede Zebra-Rennschnecke! Sie ist obendrein der beste Algenvertilger und hält die Scheiben des Glasbeckens sauber. Es sind ca. 80 Arten der Blasenschnecken bekannt, die sich in einem Punkt von den meisten übrigen Schnecken unterscheiden: Sie haben ein linksdrehendes Gehäuse. Sie halten die Schnecke mit dem Apex (Gehäusespitze) nach oben und gleichzeitig die Gehäuseöffnung nach vorne. Ist die Öffnung nun links vom Gehäuse, handelt es sich tatsächlich um eine Blasenschnecke. Sie kann sich mit ihrem schönen, glänzenden Gehäuse eigentlich nur gut in einem Nano-Aquarium halten, in dem sie keine großartige Konkurrenz durch Fische oder z. B. Posthornschnecken vorfindet. Also, Posthornschnecken raus, Blasenschnecken rein, denn die sind mal richtig nützlich! Nur zu stark vermehren sollten sie sich nicht. Sammeln Sie die Tiere frühzeitig ab.

Planarien müssen mechanisch entfernt werden.
Foto: B. Kaufmann

Weitere Plagegeister

Haben Sie schon einmal etwas von Planarien, Plattwürmern oder Scheibenwürmern gehört? Alle Begriffe meinen ein und dasselbe Tier. Hierbei handelt es sich um 5–25 mm große, weiße oder beige Würmer, die nach einer Massenvermehrung häufig die Scheibe in Ihrem Nano-Aquarium heraufkriechen. Sie sind kleine Fleischfresser und können sich über die Fischbrut oder junge Garnelen hermachen. Die Schädlinge vermehren sich nur, wenn sie ausreichend Nahrung finden, z. B. in Form von Frost- oder Lebendfutter, das nach der Fütterung nicht abgesammelt wurde und im Nano-Aquarium vergammelt. Per Hand können die Tiere am besten abgesammelt werden, eine Alternative gibt es nicht, weil die verschreibungspflichtigen Medikamente auch gegen die Aquarienbewohner wirken, die Sie bewusst eingesetzt haben, wie z. B. Schnecken.

Ein weiterer Plagegeist, mit dem man es ab und an mal zu tun bekommt, ist die Gattung *Hydra*. Hierbei handelt es sich um Süßwasserpolypen, die sich ganz gerne im Lebendfutter wie den Wasserflöhen oder aber auch in gerade für die Nano-Aquaristik relevanten Moosen wie dem Javamoos oder dem Teichlebermoos finden. Zu Schädlingen werden sie dann, wenn sie in Massen auftreten und nicht nur die Aquarienscheiben bevölkern. Die Gattung *Hydra* ernährt sich von Einzellern, und wenn Sie nicht wohlbedacht bei der Fütterung vorgehen und auch Nahrungsreste entfernen, kann sich so viel Futter im Nano-

Aquarium anreichern, dass sich die Tiere wie im Schlaraffenland fühlen. Mit Teilwasserwechseln, die alle zwei Tage durchgeführt werden, und durch Reduktion der Fütterung nimmt man den Nesseltieren die Lebensgrundlagen, sie werden sich auf jeden Fall nicht mehr vermehren. Wenn Sie die Wasserpflanzen mit einer Alaunlösung aus der Apotheke behandeln, bevor Sie sie in Ihr Kleinst-Aquarium einsetzen, töten Sie damit nicht nur *Hydra*, sondern auch Planarien und nicht gewünschte Schnecken. Lösen Sie einen Teelöffel Alaun in einem Liter Wasser und tauchen Sie die Pflanzen für eine Minute in die Lösung. Verfahren Sie so auch mit den Moosen. Hervorragende Unterwassergärtnereien und der Fachhandel bieten oft hochwertige Pflanzen, die meistens nicht von solchen Schädlingen befallen sind, die Sie wirklich nicht im Nano-Aquarium gebrauchen können.

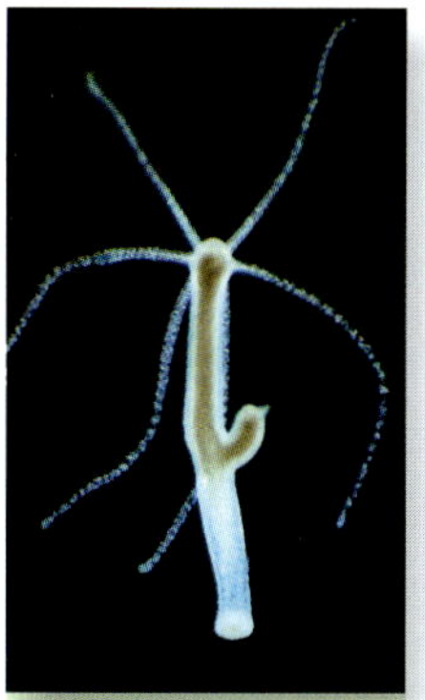

Ein zu starker Pflanzenwuchs behindert die Bodenreinigung und ermöglicht so eine Ausbreitung von Schädlingen.
Foto: T.C.G. Bosch, Zoologisches Institut Christian-Albrechts-Universität Kiel

Noch einmal ein Wort zu den Algen

Seit rund drei Milliarden Jahren besiedeln Algen unsere Erde. Sie sind Überlebens- und Ausbreitungskünstler. Deswegen ist es kein Wunder, dass Sie kleine Vorkommen auch in Ihrem Mini-Aquarium haben werden. Ein Stein, der z. T. von einer niedrig wachsenden Grünalge überzogen wird, kann sogar attraktiv aussehen – eben wie in der Natur. Lästige Fadenalgen dagegen, die sich wie ein Gespinst in feinfiedrigen Pflanzen ausbreiten und diese beim Wachstum hemmen, sind uns ein Dorn im Auge.

Unangenehm riechende Blaualgen (Cyanobakterien) oder braune Kieselalgen verschönern nicht gerade das Gesamtbild. Hier gilt: Vorbeugen ist besser als bekämpfen! Ein moderater Besatz mit Fischen und Wirbellosen sowie regelmäßige Pflege, artgerechte Fütterung und natürlich ein gesundes Pflanzenwachstum entziehen den Algen die Lebensgrundlage, nämlich zu viel gelöste Nährstoffe.

Im Folgenden möchte ich Ihnen einen Überblick über die Algen geben, die Sie in Ihrem Nano-Aquarium vorfinden.

Algen – Hauptursachen ihres Wachstums und wie Sie ihnen zu Leibe rücken können

Algen in Maßen sind keine Plage, sie gehören zum Ökosystem Nano-Aquarium dazu, sollten aber nie überhand nehmen.

Algen	Ursache	Bekämpfung
Blaualgen (Cyanobakterien, also nur dem Namen nach Algen)	• Ungleichgewicht in der Einfahrphase • wenig schnellwüchsige Pflanzen	• mechanische Entfernung • kürzere Reinigungsintervalle
Rotalgen (Rhodophyta)	• organische Belastung des Wassers • Eisenüberdüngung	• betroffene Pflanzen entfernen und neue einsetzen • kürzere Reinigungsintervalle • Eisendüngung vorübergehend einstellen
Grünalgen (vor allem Chlorophyta)	• Nährstoffüberschuss (zu viel Nitrat und Phosphat) • ungünstige Lichtverhältnisse	• mechanische Entfernung • Tageslampe einsetzen
Kieselalgen (Bacillariophyta, also eigentlich Protisten und keine Algen)	• geringe Beleuchtungsstärke • falsche spektrale Zusammensetzung des Lichts	• Beleuchtungsstärke optimieren • weißes Tageslicht bieten

Kieselalgen ...
Foto: M. Wilstermann-Hildebrand

Sie haben schon Algenprobleme? Lassen sich die Algen mechanisch entfernen? Wenn ja, reinigen Sie gründlich die Blätter der Pflanzen, entfernen Sie mit einem dünnen Schlauch den Algenrasen auf dem Boden und wickeln Sie die Fadenalgen z. B. auf einen rauen Holzstab auf. Führen Sie danach einen größeren Teilwasserwechsel durch. Ersetzen Sie 50 % des Wassers und achten Sie dabei natürlich auf stabile Wasserwerte. Reinigen Sie am nächsten Tag grob das Filtermaterial, weil sich durch das Herausnehmen der Algen Sporen und Algenfetzen freigesetzt haben, die sich weiterentwickeln. Wiederholen Sie die Wasserwechsel und die Filterreinigung zwei- bis dreimal in der Woche und achten Sie stets auf gute Wasserwerte. Nach 4–5 Wochen haben Sie das Algenproblem gelöst. Sehr „immun" sind aber Blaualgen (Cyanobakterien). Bleiben Sie konsequent, nach ca. drei Monaten haben Sie auch diese Bakterien im Griff. Ihr Vorteil ist natürlich auch jetzt wieder das geringe Wasservolumen, das Sie bei Ihrem Mini- oder Nano-Aquarium austauschen müssen. Die Mega-Aquarianer setzen zur Algenbekämpfung gerne Anti-Algenmittel ein, um die Kosten möglichst gering zu halten. Gibt die Alge trotz der erwähnten Maßnahmen nicht auf, überprüfen Sie kritisch den Tierbesatz und die Wasserchemie. Die Algen fühlen sich im alkalischen pH-Bereich sehr wohl und benötigen einen Überschuss an Nitrat und Phosphat, um zu gedeihen. Garnelen können den unter Umständen sehr großen Algenpopulationen nicht immer effektiv genug an den Kragen. Auch Wasserschnecken sind in den meisten Fällen nicht in der Lage, die Scheiben

Blaualgen
Foto: M. Wilstermann-Hildebrand

Rotalgen (Bild links) und Grünalgen (Bild rechts)
Foto: M. Wilstermann-Hildebrand

dauerhaft sauber zu halten. Wenn Sie ein im Zoofachhandel erhältliches Anti-Algenmittel einsetzen möchten, beachten Sie das geringe Netto-Wasservolumen in Ihrem Nano-Aquarium und halten Sie sich an die Gebrauchsanweisung des Herstellers. All dies wäre allerdings eigentlich nicht nötig, denn regelmäßige Pflegemaßnahmen reduzieren das Risiko einer Algenblüte!

Wenn es mit der Chemie nicht klappt ...

Trotz aller liebevollen Pflege wollen die Wasserwerte nicht richtig ins Lot kommen – das kann auch im Ausgangswasser begründet sein. Testen Sie also auch Ihr Leitungswasser, wenn Sie dauerhaft Probleme mit stark schwankenden und ungeeigneten Wasserwerten haben. Ist das eingesetzte Wasser aber in Ordnung, wird Ihnen die folgende Tabelle sicher helfen, schnell die Ursache für die schlechte Wasserqualität herauszufinden und gegenzusteuern.

Was tun, wenn ...

Wasser	Ursache	Maßnahme
Trübung	• Bakterien • Einzeller (Infusorien) • Futterreste	• Teilwasserwechsel • weniger füttern und überschüssiges Futter absaugen
riecht	• Tierkadaver • Futterreste	• tote Tiere und Futterreste entfernen • Teilwasserwechsel
schäumt	• zu viele organische Substanzen	• Teilwasserwechsel • Aktivkohle einsetzen
gelb	• zu viele Harnstoffe • alte Huminstoffe	• Teilwasserwechsel • Aktivkohle einsetzen
grün	• Schwebealgen	• Teilwasserwechsel • Nährstoffentzug durch weniger Futter

Überbesatz

Wenn sich Fische auf den Flossen stehen …

Ein dauerhafter Überbesatz in Ihrem Nano-Aquarium führt zu einer Verschlechterung der Wasserqualität und kann das Leben der Tiere gefährden.

In der Nano-Aquaristik zählen nicht die Anzahl an Litern Wasser oder die Menge der vergesellschafteten Arten, im Mittelpunkt stehen das Zusammenleben auf engstem Raume und die Details eines Individuums oder die Merkmale und Verhaltensweisen einer Tierart. Sie reduzieren die Umwelt auf das Wesentliche und bieten ein Optimum an Ausstattung für den kleinen Lebensraum Ihrer tierischen Mitbewohner. Ganz einfach – in der Nano-Aquaristik steckt die Liebe zum Detail, und da reichen schon drei Zebra-Rennschnecken aus, um das Herz des Nano-Aquarianers höher schlagen zu lassen.

Die in vielen Fachbüchern und von Herstellern angegebenen Faustformeln für den Aquarienbesatz lauten folgendermaßen:

„Pro Zentimeter ausgewachsenen Fischs sollten mindestens 1–2 l Wasser zur Verfügung stehen."	Natürlich kann man diese Regel nicht als allgemein gültig ansehen. Es gibt nun mal auch revierbildende Tiere, die mehr Platz benötigen, aber hierzu finden Sie ja auch die Informationen am Ende des Buches.
„Pro Zwerggarnele sollten 0,5 l Wasser zur Verfügung stehen."	Das kann man so stehen lassen. Fünf Tiere würden sich auch in einem 20-l-Aquarium verlieren. Zwerggarnelen mögen den Tumult!
„Größere Krebsarten mögen keine Gesellschaft."	Das stimmt so nicht, sie haben diese nämlich zum Fressen gerne … Wenn Sie also dauerhaft etwas von den Tieren haben möchten, halten Sie Fische und Krebse getrennt und setzen sie nicht zu viele Krebse in Ihr Becken.

Manchmal wird man auch unfreiwillig von einer Lawine an Jungtieren überrollt. Wenn sich die Aquarienbewohner wohl fühlen, beweisen sie das nicht nur durch Gesundheit, arttypisches Verhalten oder Farbenpracht, sondern auch durch Vermehrung. Wie wäre es mit einem zweiten Nano-Aquarium – oder möchten Sie nicht Bekannte oder Verwandte von diesem einzigartigen Hobby überzeugen? Bis Sie eine Problemlösung haben, kontrollieren Sie die Wasserwerte täglich und füttern Sie die Jungtiere mehrmals am Tag. Verändern Sie Ihren Pflegeplan ein wenig, indem Sie z. B. häufiger Teilwasserwechsel durchführen, und bedenken Sie, dass ein noch so kleiner Innenfilter nicht nur für den Garnelen-Nachwuchs schnell zur tödlichen Falle werden kann. Bedecken Sie die Ansaugöffnungen mit feiner Gaze oder ein wenig Filterwatte, bis die Tiere größer und kräftiger sind. Zur besseren Sauerstoffversorgung der Jungtiere können sie einen Oxydator verwenden.

Was tun, wenn der Urlaub naht?

Wenn Sie den Nachbarn für die Nano-Aquaristik begeistern können, sind Sie aus dem Schneider! Aber jetzt mal im Ernst – natürlich haben Sie den Tieren gegenüber eine Verantwortung, auch wenn Sie nicht vor Ort sind. Hierbei handelt es sich um Lebewesen, die genauso wie Hund und Katz' eine Pflegeperson benötigen, die sich mit der Sache auskennt. Je nach Tierbesatz sollte mindestens alle zwei Tage gefüttert werden. Haben Sie anspruchslose Arten, die sich zum größten Teil vom Aufwuchs ernähren, können Sie diesen Punkt allerdings vernachlässigen. Das Wasser muss einmal in der Woche getestet werden, und ein Teilwasserwechsel ist notwendig. Erklären Sie Ihrem Helfer genau den Einsatz der zusätzlichen Flüssigkeiten wie Wasseraufbereiter oder Düngemittel. Außerdem sollten spätestens alle zwei Tage die Wassertemperatur und das technische Equipment auf Funktionstüchtigkeit überprüft werden. Das wäre es schon!

Denken Sie auf jeden Fall an die Zeitschaltuhr für das Licht. Ich wünsche Ihnen einen erholsamen Urlaub!

Für günstige Ausgangsbedingungen im Nano-Aquarium während Ihrer Abwesenheit überlegen Sie genau, ...

... wie lange Ihr Nano-Aquarium bereits existiert. Ein frisch eingerichtetes und mit Tieren besetztes Glasbecken ist noch nicht sicher. Einige Monate muss es schon ohne Probleme in Betrieb sein.

... ob der Tierbesatz auf die Aquariengröße abgestimmt ist. Zu viele Tiere können kurzfristig zu einer Verschlechterung der Wasserqualität beitragen. Die Urlaubsvertretung wäre vielleicht überfordert.

Pflegemaßnahmen, die Sie vor Ihrer Urlaubsreise durchführen sollten:	
Eine Woche vor der Abreise	Filterreinigung
	Weihen Sie schon jetzt die Vertretung in die Nano-Aquaristik ein und erklären Sie die Funktionsweise aller technischen Geräte.
Zwei Tage vor der Abreise	Teilwasserwechsel
	Pflanzen düngen
	Alle technischen Geräte auf Funktionstüchtigkeit überprüfen

Erste Hilfe bei Krankheiten

Zur Pflege Ihres Nano-Aquariums gehört die Beobachtung der tierischen Bewohner. Sie lernen im Lauf Ihres Aquarianer-Daseins die typischen Verhaltensweisen der Tiere kennen und werden sogar die 20 Zwerggarnelen anhand ihrer äußeren Merkmale voneinander unterscheiden können. Was tun, wenn irgendetwas nicht rund läuft? Was, wenn die Fische oder Wirbellosen sich merkwürdig verhalten? Bei den in der Liste aufgeführten Punkten handelt es sich um außergewöhnliche Verhaltensweisen von Fischen, aber auch Wirbellosen, bei denen Sie aufmerksamer werden sollten. Äußere Merkmale wie in der rechten Liste aufgeführt geben Ihnen auf jeden Fall Anlass, etwas zu unternehmen.

Ungewöhnliche Verhaltensweisen
Schreckhaftigkeit, unruhiges Verhalten
Aggressives Verhalten untereinander
Springen aus dem Wasser
Verstecken
Ungewöhnliche Schwimmlage, drehende Bewegung
Flossenklemmen
Erhöhte Atemfrequenz
Scheuern an Pflanzen, Steinen etc.

Hierbei sollten Sie handeln
abgemagertes Tier
geringes Wachstum
fettleibiges Tier
Skelettdeformationen
Verfärbungen
Veränderung der Haut
Pilzerkrankungen, eingeschränkt bei Garnelen oder Krebsen
Wunden

Foto: H.-G. Evers

Ursachen für Verhaltensstörungen oder Krankheitssymptome können ungeeignete Wasserwerte, Mangelernährung oder Stresssituationen durch das Verhalten der Tiere untereinander und Transportstress sein:

Vielleicht waren Sie ein wenig ungeduldig, haben **mehr Tiere gekauft**, als Sie geplant hatten, und damit der noch nicht eingefahrenen Mini-Welt eine zu große Aufgabe gestellt. Innerhalb kurzer Zeit haben sich Ausscheidungen in dem kleinen Wasservolumen angereichert und die Wasserqualität verschlechtert.

Vielleicht haben Sie die Tiere **zu lange in dem Transportbeutel gehalten**. Direkt nach dem Kauf sollten Sie sich auf den Weg machen und die Tiere stressfrei transportieren.

Vielleicht gefielen Ihnen die **Minifische** so gut, dass Sie diese **mit einem Flusskrebs in ein Aquarium** hineinsetzen wollten, um einen optisch schönen Farbmix zu erhalten. Diese Tiere können aber nicht vergesellschaftet werden. Sie gehen sich auch in der Natur aus dem Weg – aus gutem Grund ...

Vielleicht hätten Sie doch auf Nummer sicher gehen sollen und einen **Wasseraufbereiter** einsetzen müssen. Die geringen Spuren an Kupfer haben die Garnelen dahingerafft.

Vielleicht haben Sie aber auch einfach die Tiere **zu schnell aus dem Transportbeutel in Ihr Nano-Aquarium umgesetzt**. Die Minifische oder Wirbellosen hatten nicht ausreichend Zeit, sich an die neuen Wasserwerte zu gewöhnen.

Vielleicht **vertragen sich die Neuankömmlinge mit den „Alten" nicht**. Es kommt zu Konkurrenzkämpfen, und das führt zu Dauerstress, der krank macht.

Vielleicht haben Sie das Aquarium in letzter Zeit ein wenig „hängen lassen" und **weniger Teilwasserwechsel durchgeführt**. Krankheitserreger sind immer da, sie werden aber durch regelmäßige Pflege reduziert. Eventuell ist der Druck durch Krankheitserreger zu groß geworden.

Vielleicht ist die **Wassertemperatur zu hoch**, sodass es zu einem Sauerstoffmangel in dem Kleinst-Aquarium gekommen ist.

Vielleicht haben Sie **die Tiere nicht artgerecht ernährt**. Oder ist das Verfallsdatum des Trockenfutters schon überschritten? Auch wenn man dem Futter nichts ansieht, die Nährstoffe zerfallen. Halten Sie deswegen die Futterdosen geschlossen und kaufen Sie kleine Portionen.

Vielleicht haben Sie **zu viel in Ihrer Nano-Welt herumgestochert**. Leben und leben lassen! Genießen Sie Ihr Kleinst-Aquarium, ohne ständig erste Algenspuren oder Mulm aus dem Aquarium zu entfernen. Die Tiere erkunden Ihre Umgebung sehr neugierig und würden sich ständig gestört fühlen.

Vielleicht ist auch einfach mal **der sprichwörtliche Wurm drin**, und Sie können die Ursache nicht herausfinden. Es gibt viele Krankheiten, unter denen die tierischen Bewohner leiden. Ich möchte Ihnen mit den folgenden Ausführungen ein Erste-Hilfe-Paket schnüren, mit dem Sie zunächst dafür sorgen, dass es den Tieren besser geht.

Durch einen 50%igen Wasserwechsel mit auf den Tierbesatz abgestimmten Wasserwerten inklusive Wasseraufbereiter versorgen Sie die Tiere mit Sauerstoff, reduzieren den Krankheitserregerdruck und entnehmen dem Wasser Giftstoffe wie Ammoniak oder Nitrit, die sich vielleicht in der Nano-Welt angereichert haben. Testen Sie auf jeden Fall die Wasserwerte nach dem Wechsel. Wenn immer noch Schadstoffe vorhanden sind, führen Sie wiederholt Wasserwechsel durch, bis die ungewünschten Substanzen entfernt wurden.

Wenn Sie einen hohen pH-Wert in Ihrem Nano-Aquarium haben, könnte der Ammoniak-Gehalt immer zu hoch sein. Senken Sie den pH-Wert, wenn es der Tierbesatz zulässt, durch weiches Wasser, oder düngen Sie dauerhaft mit einer für das kleine Aquarium geeigneten CO_2-Anlage, damit nur ungiftiges Ammonium entsteht. In einem eingefahrenen Aquarium steigen die Werte normalerweise nicht zu hoch, es sei denn, es sind zu viele Tiere auf einmal eingesetzt worden oder sie wurden überfüttert.

Wenn die Wassertemperaturen im Kleinst-Aquarium zu hoch sind, müssen Sie Kühlakkus auf die Wasseroberfläche legen und eventuell über den Tag verteilt Teilwasserwechsel mit kühlerem Wasser durchführen. Sonst kommt es schnell zu einem Sauerstoffmangel.

Haben Sie eventuell Chemikalien wie Insektensprays, Teppich- oder Polsterreiniger oder Malerfarbe in dem Raum eingesetzt, in dem sich Ihr Nano-Aquarium befindet? Vielleicht haben Sie auch ein duftendes oder geruchsneutrales Raumspray verwendet? Diese können für Ihren Tierbesatz durchaus tödlich sein, weil über die Wasseroberfläche ein ständiger Austausch von Luftmolekülen und Gasen stattfindet. Lüften Sie den Raum und führen Sie Wasserwechsel durch.

Wenn die Tiere äußerlich Krankheitssymptome wie Hautveränderungen, Verpilzungen, weiße Punkte etc. zeigen, können Sie im Zoofachhandel

geeignete Medikamente erwerben. Halten Sie sich genau an die Dosierungsvorschrift und Gebrauchsanweisung des Herstellers. Wenn Sie herumexperimentieren, setzen Sie das Leben der Tiere in Ihrem Nano-Aquarium aufs Spiel! Dosieren Sie die Medikamente für das Netto-Wasservolumen Ihres Aquariums, also für die Wassermenge, die tatsächlich darin ist. Forschen Sie nach der Ursache der Erkrankung. Häufig zeigen sich die Symptome nach einer stressigen Situation. Leider existieren noch keine speziellen Medikamente für die wirbellosen Bewohner in Ihrem Nano-Aquarium. Sicher wird es in der Zukunft diverse geben, aber warum sollten Sie nicht lieber die Sache beim Schopf greifen und für beste Umweltbedingungen bei den Tieren sorgen, damit Sie gar nicht erst in eine Situation mit kranken Nano-Bewohnern hineingeraten?! Es fängt alles mit einer hervorragenden Wasserqualität und der hochwertigen Fütterung an.

Vielleicht kommen Sie mal vom Regen in die Traufe, und die Tiere zeigen ständig andere Symptome oder gestresstes Verhalten. Schnell verlieren Sie den Spaß an Ihrem neuen Hobby. Aber aus Fehlern lernt man, die können Sie beim weiteren Anlauf vermeiden! Vielleicht ist es wirklich mal notwendig, das Aquarium neu einzurichten. Sehen Sie diesen Fall aber bitte nur als letzte Lösungsmöglichkeit, denn das bedeutet einen weiteren Stressfaktor für die ohnehin schon angeschlagenen Tiere. Setzen Sie hierzu immer eingefahrenes Filtermaterial ein oder verwenden Sie Filterbakterien, die Ihnen der Zoofachhandel zur Verfügung stellt.

Artenvielfalt der Nano-Tiere

Nano-Fische

Bei den hier aufgeführten Nano-Fischen handelt es sich um sorgfältig ausgesuchte Arten, die in Aquariengrößen von 60 cm Kantenlänge und teils kleiner dauerhaft gehalten werden können. Einige der Arten sind nicht immer handelsüblich, daher empfehle ich Ihnen eine sorgfältige Auswahl auch im Bezug auf den Händler Ihres Vertrauens. Viele der im Folgenden beschriebenen Fische sind schwarmbildend. Setzen Sie von diesen Zwergfischen darum mindestens acht Exemplare in Ihr Aquarium ein.

Beachten Sie bei Vergesellschaftungen das Sozialverhalten und die Futtergewohnheiten der einzelnen Fischarten, damit Ihnen ihre Pflege nicht unnötig schwer fällt. Paar- oder revierbildenden Fischen sollten Sie keine „Konkurrenten" beifügen, sondern lieber Wirbellose.

Fotos: B. Kahl

Aphyosemion australe ▪ Bunter Prachtkärpfling, Kap-Lopez-Prachtkärpfling — Haltung: **einfach**

Foto: H.-G. Evers

Der Bunte Prachtkärpfling mag sehr reich bepflanzte Aquarien, eventuell mit Torf und Mulm. In ein Zuchtaquarium sollten ein Männchen und zwei Weibchen eingesetzt werden.

Aussehen/Geschlechtsunterschied: Männchen bunter, mit ausgezogenen Flossenspitzen. Wir kennen eine normalfarbige, etwas dunkler gefärbte Variante und die im Handel übliche Goldform, die in einem leuchtenden Orange daherkommt.
Größe: 5 cm
Verbreitung: Kamerun bis Gabun
Haltungsbedingungen: pH 5,5–6,5, Temperatur 21–26 °C
Fütterung: Trocken- und Lebendfutter

Aphyosemion striatum ▪ Gestreifter Prachtkärpfling

Haltung: **einfach**

Hierbei handelt es sich um einen einfach zu züchtenden Killifisch, der relativ friedfertig ist. Gute Erfahrung machen Sie mit einer kleineren Gruppe dieser hübschen Tiere, wobei die Zahl der Weibchen immer überwiegen sollte. Gestalten Sie Ihr Nano-Aquarium dunkel und setzen Sie Torf hinzu oder auch getrocknete Buchen- und Eichenblätter.

Geschlechtsunterschied: Männchen farbenprächtiger
Größe: 5 cm
Verbreitung: Nord-Gabun
Haltungsbedingungen: pH 6,0–7,0, Temperatur 18–24 °C
Fütterung: Trocken- und Lebendfutter

Barbus jae ▪ Rote Zwergbarbe

Haltung: **mittelschwer**

Eine sehr kleine, aus Fließgewässern stammende Barbe, die bei leicht saurem pH-Wert und nicht ganz so warmem Wasser gut gehalten werden kann. Diese Art sollte nicht mit größeren Fischen vergesellschaftet werden, da sich die Roten Zwergbarben sonst nur verstecken.

Aussehen: Die prachtvolle Rotfärbung mancher Fundortvarianten intensiviert sich durch Lebendfutter und bei stärkerer Anreicherung des Wasser mit Huminstoffen.
Größe: 3–4 cm
Verbreitung: Kamerun, Gabun
Haltungsbedingungen: pH 5,5–6,5, Temperatur 20–25 °C
Fütterung: Trocken- und Lebendfutter

Betta picta ▪ Java-Kampffisch

Haltung: **mittelschwer**

Wie die meisten Kampffischarten ist auch der Java-Kampffisch mit nur wenigen friedfertigen anderen Fischen zu vergesellschaften. Die Art kommt in der Natur sowohl in Fließgewässern als auch im stehenden Gewässer vor, und Sie müssen für eine konstant hohe Wasserqualität sorgen. Die Art ist ein Maulbrüter im männlichen Geschlecht.

Aussehen/Geschlechtsunterschied: hellgrauer Körper, Kiemen der Männchen leicht blau
Größe: 5,5 cm
Verbreitung: Sumatra, Java
Haltungsbedingungen: pH 6,0–7,5, Temperatur 23–26 °C
Fütterung: Trockenfutter, vorzugsweise aber gefrostete, besser noch lebende Futtertiere

Betta simplex ▪ Blauer Maulbrütender Kampffisch

Haltung: **einfach**

Foto: I. Seidel

Kampffische sind in kleinen Aquarien nicht so einfach mit anderen Fischen zu vergesellschaften. Bodenlebende, sehr ruhige Fische sind dann zu bevorzugen. Setzen Sie immer nur ein Männchen mit mehreren Weibchen ein, sonst gibt es Mord und Totschlag!

Aussehen/Geschlechtsunterschied: Männchen und Weibchen lassen sich kaum unterscheiden, nur während der Balz ist das Männchen farbintensiver. Die Flossen besitzen einen schwarzen und türkisfarbenen Rand.
Größe: 6 cm
Verbreitung: Süd-Thailand
Haltungsbedingungen: pH 6,0–8,0, Temperatur 22–28 °C
Fütterung: Trockenfutter, hauptsächlich aber Futtertiere

Boraras brigittae ▪ Moskito-Rasbora

Haltung: **mittelschwer**

Foto: H.-G. Evers

Die Gattung *Boraras* besteht aus einer Gruppe sehr klein bleibender asiatischer Bärblinge, die mit Zwerggarnelen oder anderen „winzigen" Fischarten wie kleinen Labyrinthfischen vergesellschaftet werden können. Es sollten möglichst mindestens zehn Tiere eingesetzt werden.

Aussehen: Kupferfarbene bis kräftig rote Körperfärbung, schwarzes bis türkis schimmerndes Strichmuster an der Seite
Größe: 2,5 cm
Verbreitung: Süd-Borneo, Indonesien
Haltungsbedingungen: pH 5,5–7,0, Temperatur 24–29 °C
Fütterung: Trocken- und Lebendfutter

Boraras maculatus ▪ Zwergbärbling

Haltung: **mittelschwer**

Foto: H.-G. Evers

Dieser Minifisch ist sehr schwimmfreudig und genügsam. Der Schwarm ist ständig in Bewegung. Für Zuchterfolge sollten den Tieren dicke und dichte Moospolster zur Verfügung gestellt werden. Der Zwergbärbling kann mit anderen friedlichen kleinen Arten vergesellschaftet werden.

Aussehen/Geschlechtsunterschied: Rötliche Körperfärbung mit Tüpfelmuster, Männchen kräftiger gefärbt
Größe: 2,5 cm
Verbreitung: Sumatra, Malaysische Halbinsel
Haltungsbedingungen: pH 6,5–7,0, Temperatur 24–28 °C
Fütterung: Trocken- und Lebendfutter

Brachygobius nunus ▪ Indische Zwerggoldringel-Grundel

Haltung: **einfach**

Fragen Sie Ihren Zoohändler nach der Herkunft der Fische! Bei der Art handelt es sich um einen Brackwasserfisch, deswegen müssen Sie dem Wasser etwas Salz hinzufügen (1,6 %). Die Tiere besetzen Reviere – unterstützen Sie dies, indem Sie z. B. geeignete Höhlen anbieten. Die Verstecke werden gegen Artgenossen verteidigt.

Aussehen: Gelb, mit dunklen, breiten Querstreifen
Größe: 2–4 cm
Verbreitung: Indien, andere, ähnliche Arten werden aus ganz Südost-Asien importiert.
Haltungsbedingungen: pH 6,5–7,5, Temperatur 24–27 °C
Fütterung: Trocken- und Lebendfutter

Carinotetraodon travancoricus ▪ Zwergkugelfisch

Haltung: **mittelschwer**

Bieten Sie den Tieren viele Versteckmöglichkeiten, aber gestalten Sie die Kleinstwelt nicht dunkel und setzen Sie auf jeden Fall eine Luftpumpe zur erhöhten Sauerstoffversorgung ein. Trotz der geringen Größe der Tiere sollte das Becken eine Mindestkantenlänge von 60 cm haben.

Aussehen/Geschlechtsunterschied: Das Männchen ist rundlicher und größer und stellt bei Rivalenkämpfen seinen „Kamm" auf. Weibchen zeigen einen stärkeren Kontrast in der Rückenzeichnung.
Größe: 3 cm
Verbreitung: Indien
Haltungsbedingungen: pH 6,0–7,0, Temperatur 23–28 °C
Fütterung: meist nur Lebendfutter, ist aber an Frostfutter zu gewöhnen. Kugelfische müssen regelmäßig mit Schnecken gefüttert werden, da sie an deren Gehäuse die nachwachsenden Zähne abnutzen!

Chlamydogobius eremius ▪ Australische Wüstengrundel

Haltung: **einfach**

Hierbei handelt es sich um einen nur in Australien lebenden Fisch. Das Nano-Aquarium muss eine Kantenlänge von 60 cm haben.

Aussehen: Die hübsche Färbung geht am besten aus dem Foto hervor. Weibchen sind einfarbig grau.
Größe: 6 cm
Verbreitung: Eyre-See, Australien
Haltungsbedingungen: pH 7,0–8,0, Temperatur 10–30 °C
Fütterung: Trocken- und Lebendfutter, Pflanzennahrung

Corydoras hastatus ▪ Sichelfleck-Panzerwels

Haltung: **einfach**

Diese relativ anspruchslose Panzerwelsart kann auch in kleinen Aquarien gehalten und gezüchtet werden. Eine hohe und stabile Wasserqualität durch häufige Wasserwechsel ist Voraussetzung.

Aussehen: Silberfarben bis grau, mit „Sichelfleck" zur Schwanzflosse hin
Größe: 2–3 cm
Verbreitung: weit verbreitet von Peru bis Paraguay
Haltungsbedingungen: pH 6,5–7,5, Temperatur 22–26 °C
Fütterung: Trockenfutter und Futtertiere

Danio erythromicron ▪ Querstreifen-Zwergbärbling

Haltung: **einfach**

Hierbei handelt es sich um einen anspruchslosen und friedfertigen Nano-Fisch, der ein stark bepflanztes Aquarium mit Moosen bevorzugt.

Aussehen: Senkrechte weiße Streifen auf den blauen Flanken, roter Kiemen- und schwarzer Schwanzwurzelfleck
Größe: bis 2,5 cm
Verbreitung: Burma (= Myanmar)
Haltungsbedingungen: pH 7,0, Temperatur 22–25 °C
Fütterung: Trocken- und Lebendfutter

Danio margaritatus ▪ Perlhuhnbärbling

Haltung: **einfach**

Achten Sie darauf, nur Nachzuchten zu erwerben, um den Bestand in freier Wildbahn zu schonen. Javamoos ist ein beliebtes Laichsubstrat, und die Alttiere laichen täglich. Sie können die Alttiere nach 10 Tagen in ein anderes Becken umsetzen, und es kommen plötzlich überall Jungtiere aus dem Moos. Der Nachwuchs kann mit Pantoffeltierchen und später mit *Artemia*-Nauplien gefüttert werden.

Aussehen/Geschlechtsunterschied: Das Männchen ist farbenprächtiger, mit deutlich rot-schwarz gestreifter Afterflosse
Größe: 2,5 cm
Verbreitung: Burma (= Myanmar)
Haltungsbedingungen: pH 6,5–7,5, Temperatur 22–26 °C
Fütterung: Trocken- und Lebendfutter

Epiplatys bifasciatus ▪ Zweibandhechtling

Haltung: **einfach**

In einem Art-Nano-Aquarium gestaltet sich die Pflege des Fisches sehr einfach. Bei einer Vergesellschaftung müssen die Mitbewohner sehr friedfertig sein, sonst sind eher Wirbellose als Beibesatz vorzuziehen.

Aussehen/Geschlechtsunterschied: Männchen bunter, mit ausgezogenen Flossenspitzen
Größe: 5 cm
Verbreitung: Westafrika, Senegal bis Tschad
Haltungsbedingungen: pH 5,5–7,0, Temperatur 22–28 °C
Fütterung: Trocken- und Lebendfutter

Fundulopanchax gardneri ▪ Stahlblauer Prachtkärpfling

Haltung: **mittelschwer**

Bei diesem Prachtkärpfling handelt es sich um einen manchmal etwas aggressiven Fisch. Bei manchen Varianten bekämpfen sich die Männchen ständig, deshalb besser nur ein Trio aus einem Männchen und zwei Weibchen anschaffen. Das Nano-Aquarium muss abgedeckt sein, und Mulm sowie verkrautetes Wasser gehören zur natürlichen Umgebung des Tieres.

Aussehen/Geschlechtsunterschied: Männchen farbenprächtiger als Weibchen
Größe: 6 cm
Verbreitung: Westafrika, Nigeria und Kamerun
Haltungsbedingungen: pH 6,0–7,5, Temperatur 18–26 °C
Fütterung: Trocken- und Lebendfutter

Girardinus metallicus „Yellow belly" ▪ Metallkärpfling

Haltung: **mittelschwer**

Ein Aquarium ab einer Kantenlänge von 60 cm ist ein Muss! Der Metallkärpfling kann mit anderen friedfertigen Arten vergesellschaftet werden.

Aussehen/Geschlechtsunterschied: Silbrige oder goldene Färbung, das Männchen besitzt einen leuchtend zitronengelben Bauch. Auffällig sind die hellblauen Augen.
Größe: 3–7 cm
Verbreitung: Kuba
Haltungsbedingungen: pH 7,0–7,5, Temperatur 24–26 °C
Fütterung: Trocken- und Lebendfutter, Pflanzennahrung

Heterandria formosa ▪ Zwergkärpfling

Haltung: **einfach**

Bei diesem lebendgebärenden Zahnkarpfen handelt es sich um eines der kleinsten Wirbeltiere, das vollständig entwickelte Jungen zur Welt bringt. Die Tiere können durch ihre geringe Größe nur mit sehr friedliebenden, bodenlebenden Fischen vergesellschaftet werden, wie kleinen Panzerwels-Arten. Die Art kommt auch im Brackwasser vor.

Aussehen/Geschlechtsunterschied: Das Männchen ist kleiner, und sein Gonopodium (Begattungsflosse) ist eindeutig sichtbar.
Größe: 2–4,5 cm
Verbreitung: Südöstliche USA, Florida
Haltungsbedingungen: pH 6,5–7,5, Temperatur 21–25 °C
Fütterung: Trocken- und Lebendfutter

Hyphessobrycon amandae ▪ Feuer-Tetra

Haltung: **einfach**

Der auch Funkensalmler genannte Fisch kommt besonders in einem etwas dunkleren Artbecken zur Geltung. Durch seine geringe Größe kann er schon in 30 Litern Wasser in einem Schwarm gehalten werden.

Aussehen/Geschlechtsunterschied: Die Weibchen sind blasser
Größe: 3 cm
Verbreitung: Zentralbrasilien, Rio-Araguaia-Einzug
Haltungsbedingungen: pH 5,5–7,0, Temperatur 24–28 °C
Fütterung: Trocken- und Lebendfutter

Iriatherina werneri ▪ Filigran-Zwergregenbogenfisch

Haltung: **mittelschwer**

Dieser einzigen Art der Familie der Zwergregenbogenfische müssen Sie ein Aquarium ab 60 cm Kantenlänge bieten. Die Fische benötigen genügend Schwimmraum, aber auch viele Versteckmöglichkeiten und Brutplätze durch feinfiedrige Pflanzen.

Aussehen/Geschlechtsunterschied: Männchen bunter, mit ausgezogenen Flossen, Weibchen unscheinbar bis durchsichtig
Größe: 5 cm
Verbreitung: Nord-Australien, Süd-Neuguinea
Haltungsbedingungen: pH 6,0–7,5, Temperatur 25–27 °C
Fütterung: Trocken-, besser feines Lebendfutter

Ladigesia roloffi ▪ Orangeroter Zwergsalmler

Haltung: **einfach**

Foto: H.-G. Evers

Der sehr scheue Fisch sollte höchstens mit friedfertigen Arten vergesellschaftet werden. Ein reich bepflanztes Aquarium mit dunklem Bodengrund bietet ihm ausreichend Verstecke.

Aussehen/Geschlechtsunterschied: Das Männchen besitzt eine lappenartig verlängerte Afterflosse.
Größe: 3–4 cm
Verbreitung: Sierra Leone
Haltungsbedingungen: pH 6,0–7,0, Temperatur 22–27 °C
Fütterung: Trocken- und Lebendfutter

Lepidarchus adonis ▪ Adonissalmler

Haltung: **schwierig**

Foto: H.-G. Evers

Diese Minifischart ist sehr anspruchsvoll. Die Wasserwerte müssen exakt stimmen, und erst nach langer Eingewöhnungszeit fühlt sich der Fisch wohl. Beim Adonissalmler handelt es sich um einen Freilaicher, das Weibchen entlässt die Eier einfach ins Wasser.

Aussehen/Geschlechtsunterschied: Das Weibchen ist fast durchsichtig.
Größe: 3 cm
Verbreitung: Westafrika: Liberia, Ghana
Haltungsbedingungen: pH 5,5–6,5, Temperatur 22–27 °C
Fütterung: Trocken- und Lebendfutter

Microdevario kubotai ▪ Grüner Zwergbärbling

Haltung: **einfach**

Foto: H.-G. Evers

Der Fisch ist sehr friedlich und ein wenig scheu. Mit ausreichend Grün schaffen Sie dem Tier gute Versteckmöglichkeiten.

Aussehen: Der Fisch schimmert bei Dämmerlicht wunderschön grün, ist bei zu hellem Licht aber grau.
Größe: 3 cm
Verbreitung: Thailand
Haltungsbedingungen: pH 6,0–7,0, Temperatur 22–27 °C
Fütterung: Trocken- und Lebendfutter

Mikrogeophagus ramirezi ▪ Schmetterlingsbuntbarsch

Haltung: **mittelschwer**

Foto: H.-G. Evers

Wenn Sie diese Fischart züchten möchten, empfehle ich Ihnen die separate Haltung der Tiere in einem Nano-Aquarium oder höchstens die Vergesellschaftung mit sehr friedfertigen Salmlern. Das Aquarium sollte jedoch eine Kantenlänge von 60 cm aufweisen. Beim Schmetterlingsbuntbarsch handelt es sich um einen sogenannten Offenbrüter, d. h. die Fische laichen gerne „offen" auf einem Stein. Für räuberische Fischarten ist der Laich gefundenes Fressen.

Aussehen/Geschlechtsunterschied: Auffallend gefärbtes Männchen, die Weibchen sind oft kleiner und haben einen roten Bauch.
Größe: 5–6 cm
Verbreitung: Venezuela, Kolumbien
Haltungsbedingungen: pH 4,5–7,0, Temperatur 24–30 °C
Fütterung: Trocken- und Lebendfutter

Nannostomus marginatus ▪ Zwergziersalmler

Haltung: **einfach**

Fotos: H.-G. Evers

Zur Geltung kommt der Fisch am besten in einem Art-Nano-Aquarium. Klares, mit Torf angesäuertes und mit Pflanzen verkrautetes Wasser gibt dem Zwergziersalmler einen geeigneten Lebensraum. Eine Gruppe von sechs Tieren sollten es schon sein.

Aussehen/Geschlechtsunterschied: Das Männchen besitzt kräftiger rote Bauchflossen als das Weibchen.
Größe: 3–4 cm
Verbreitung: Südamerika, Amazonien und Guyanaschild
Haltungsbedingungen: pH 6,0–7,5, Temperatur 23–27 °C
Fütterung: Trocken- und Lebendfutter

Neoheterandria elegans ▪ Zwergschmuckkärpfling, Teddykärpfling

Haltung: **einfach**

Foto: H.-G. Evers

Voraussetzung für die erfolgreiche Haltung dieser Fischart ist sauberes Wasser. Häufige Teilwasserwechsel, bis zu zweimal wöchentlich, sind daher ein Muss! Der Zwergschmuckkärpfling kann sehr gut mit Zwerggarnelen vergesellschaftet werden oder mit anderen kleinen Fischarten, die sehr friedfertig sind.

Aussehen: Silbergraue bis braune Körperfarbe mit Querbinden, orangefarbene Augenringe
Größe: 2–3 cm
Verbreitung: Kolumbien
Haltungsbedingungen: pH 6,0 – 7,5 , Temperatur 23–26 °C
Fütterung: Trocken- und Lebendfutter

Parosphromenus deissneri ▪ Deissners Prachtgurami

Haltung: **mittelschwer**

Foto: H. Linke

Da Prachtguramis die „Grenze“ gerne mal überschreiten, sollten Sie das Aquarium, das auch kleiner als 60 cm sein kann, abdecken. Richten Sie es dunkel ein und stellen Sie ihnen Steinhöhlen zum Bau ihrer Schaumnester zur Verfügung. Die Jungtiere gehören in ein separates Nano-Aquarium und werden mit Pantoffeltierchen gefüttert.
Aussehen/Geschlechtsunterschied: Schlanker, lang gestreckter Körper. Das Männchen ist farbenprächtiger, speziell in der Balz.
Größe: 4 cm
Verbreitung: Malaysia, Singapur
Haltungsbedingungen: pH 5,5–7,0, Temperatur 24–28 °C
Fütterung: Trockenfutter und hauptsächlich Futtertiere wie *Artemia*-Nauplien

Poecilia wingei ▪ Endlers Guppy

Haltung: **einfach**

Foto: H.-G. Evers

Endlers Guppys ähneln den bekannten Guppys nur entfernt, und die genaue wissenschaftlioche Zuordnung ist noch nicht gesichert. Das Nano-Aquarium müssen Sie abdecken, da die Fische gute Springer sind.

Aussehen/Geschlechtsunterschied: Sehr farbenfroh, überwiegend grün und orange – allerdings nur die Männchen, die Weibchen sind eher einfarbig. Es gibt mittlerweile einige Zuchtformen mit pinkfarbenem Körper und Beflossung.
Größe: Weibchen bis 4 cm, Männchen 2–3 cm
Verbreitung: Venezuela. Die Urform ist nur von einem Fundort nahe Caracas bekannt.
Haltungsbedingungen: pH 7,0–8,5, Temperatur 24–27 °C
Fütterung: Trocken- und Lebendfutter

Pristella maxillaris ▪ Sternflecksalmler

Haltung: **einfach**

Foto: H.-G. Evers

Der Sternflecksalmler benötigt ein gut bepflanztes Nano-Aquarium und kann mit anderen friedfertigen Zwergfischen vergesellschaftet werden.

Aussehen/Geschlechtsunterschied: Das Männchen ist schlanker als das Weibchen.
Größe: 4,5 cm
Verbreitung: Venezuela, Brasilien, Guyana, Französisch-Guayana
Haltungsbedingungen: pH 6,0–8,0, Temperatur 22–29 °C
Fütterung: Trocken- und Lebendfutter, Pflanzenkost

Pseudoepiplatys annulatus ▪ Zwerghechtling

Haltung: **einfach**

Setzen Sie in Ihr Nano-Aquarium entweder ein Pärchen oder einen Harem mit einem Männchen und mehreren Weibchen ein und bieten Sie dem schwachen Geschlecht ausreichend Versteckmöglichkeiten durch Wurzeln, Steine und Moose. In Ruhe halten sich die Tiere unter der Wasseroberfläche zwischen Schwimmpflanzen auf.

Aussehen/Geschlechtsunterschied: Schlanker, lang gestreckter Körper. Die Männchen sind größer als die Weibchen und besitzen typisch fahnenförmige Flossen.
Größe: 3–4,5 cm
Verbreitung: Westafrika, Liberia, Sierra Leone
Haltungsbedingungen: pH 5,5–7,0; Temperatur 23–26 °C
Fütterung: Trocken- und Lebendfutter

Pseudomugil furcatus ▪ Gabelschwanz-Regenbogenfisch

Haltung: **einfach**

Das Tier gehört zur Familie der Blauaugen und ist problemlos zu halten. Ein Aquarium mit einer Kantenlänge von 60 cm sollte es zur Haltung einer Gruppe von ca. acht Exemplaren auf jeden Fall sein. Als Aufzuchtfutter (Eier absammeln und separat aufziehen) für die Jungtiere empfehle ich Ihnen Infusorien oder Staubfutter.

Aussehen/Geschlechtsunterschied: Gelbe Flossen und blaue Augen. Geschlechtsreife Weibchen sind deutlich kleiner als die sehr farbenprächtigen Männchen.
Größe: 4,5–6,0 cm
Verbreitung: Papua-Neuguinea
Haltungsbedingungen: pH 7,5–8,0, Temperatur 24–26 °C
Fütterung: Trocken- und Lebendfutter

Pseudomugil gertrudae ▪ Geflecktes Blauauge

Haltung: **einfach**

Der in Bächen und Brackwasser heimische Fisch benötigt den Schutz durch einen Schwarm. Deswegen empfehle ich Ihnen die Haltung einer Gruppe von ca. 8 Tieren. Trotz dichter Vegetation in der Heimat ist die Schwimmfreudigkeit sehr groß, daher sollte das Aquarium eine Mindest-Kantenlänge von 60 cm aufweisen.

Aussehen/Geschlechtsunterschied: Das Männchen hat lang gezogene Flossenenden und ist farbintensiver als das Weibchen.
Größe: 3–4cm
Verbreitung: Nord-Australien, Süd-Neuguinea
Haltungsbedingungen: pH 6,0–7,5, Temperatur 23–28 °C
Fütterung: Trocken- und Lebendfutter

Pseudomugil tenellus ▪ Zwerg-Blauauge

Haltung: **einfach**

Foto: H.-G. Evers

Wie alle Blauaugen fühlt sich auch dieses Exemplar in einer Gruppe geschützt, daher sollten mindestens acht Tiere in ein 60-cm-Aquarium eingesetzt werden. Feinfiedrige Pflanzen dienen als Unterschlupf und ahmen den natürlichen Lebensraum der Fische nach. Zur Vergesellschaftung mit anderen Blauaugen ist im Nano-Aquarium leider wirklich zu wenig Platz, daher rate ich Ihnen davon ab.

Aussehen/Geschlechtsunterschied: Schlanker, lang gestreckter Körper. Die Männchen sind farbintensiver.
Größe: 3–4 cm
Verbreitung: Australien, Papua-Neuguinea
Haltungsbedingungen: pH 5,0–7,0, Temperatur 26–28 °C
Fütterung: Trocken- und hauptsächlich Lebendfutter

Tateurndina ocellicauda ▪ Pastellgrundel

Haltung: **mittelschwer**

Hierbei handelt es sich um eine sehr ruhige Fischart für ein stark bepflanztes Aquarium mit einer Kantenlänge ab 60 cm. Die Farbenpracht und die Verträglichkeit zu anderen Fischen machen die Art sehr attraktiv.

Aussehen/Geschlechtsunterschied: Die Männchen dieser sehr farbenprächtigen Fischart besitzen einen größeren Kopf und längere Flossen als das Weibchen.
Größe: 5 cm
Verbreitung: Neuguinea
Haltungsbedingungen: pH 6,0–7,5, Temperatur 22–24 °C
Fütterung: Lebendfutter, unter Umständen an Frostfutter zu gewöhnen

Trichopsis pumila ▪ Knurrender Zwerggurami

Haltung: **mittelschwer**

Der Name des Fisches rührt von den knurrenden Geräuschen während der Balz. Beim Knurrenden Zwerggurami handelt es sich um einen Schaumnestbauer, schon deswegen sollten Sie ein Pärchen alleine halten oder die Art nur mit sehr friedfertigen Fischen der mittleren bis unteren Wasserschichten vergesellschaften.

Aussehen/Geschlechtsunterschied: Die Männchen besitzen spitze Rücken- und Afterflossen.
Größe: 4 cm
Verbreitung: Asien
Haltungsbedingungen: pH 5,5–7,0, Temperatur 20–28 °C
Fütterung: Trocken- und Lebendfutter

Garnelen

Garnelen gehören zu den Wirbellosen (Invertebrata), besitzen somit keine stabilisierende Wirbelsäule, aber einen Panzer (daher Crustaceae = Krustentiere), der mechanischen Schutz nach außen bietet. Bei artgerechten Haltungsbedingungen stellt sich der Nachwuchs von Zwerggarnelen schnell ein, und dann ist ein scharfes Auge z. B. bei Teilwasserwechseln und sonstigen Pflegemaßnahmen im Nano-Aquarium Gold wert.

Zwerggarnelen erfreuen sich seit dem Boom der Nano-Aquaristik wachsender Beliebtheit. Unterschiedliche Farbvarianten, nach Graden abgestuft, zeigen dem Liebhaber unendliche Möglichkeiten der Zucht. Schaffen Sie den Garnelen mit feinfiedrigen Pflanzen wie dem Nixkraut oder mit Moosarten ein behagliches Zuhause. Die Tiere sind den ganzen Tag unermüdlich auf Futtersuche. Als Nahrung bietet man allen Trockenfutter und feinste Futtertiere. Hier einige sehr beliebte Arten und auch manche eher außergewöhnliche.

Fotos: H.-G. Evers

Caridina cf. *babaulti* var. „Green" ▪ Grüne Zwerggarnele

Haltung: **einfach**

Foto: H.-G. Evers

In ihrem Tarnverhalten macht diese Zwerggarnele allen anderen etwas vor. Durch die Auflockerung mit rötlichen Pflanzen erkennen Sie die Tiere einfacher, und mit einem dunklen Bodengrund tritt die oft leuchtend grüne Farbe in den Vordergrund.

Aussehen/Geschlechtsunterschied: Das Farbkleid kann giftgrün werden, schwankt aber je nach „Stimmung". Das Weibchen ist kräftiger. Sehr vermehrungsfreudig!
Größe: 3,0 cm
Verbreitung: Indien
Haltungsbedingungen: pH 6,0–8,0, Temperatur 22–27 °C

Caridina cf. *babaulti* var. „Malaya" ▪ Malaysia-Zwerggarnele

Haltung: **einfach**

Foto: C. Luhkaup

Hierbei handelt es sich um eine einfach zu pflegende Zwerggarnele, die auch anderen Bewohnern des Nano-Aquariums gegenüber sehr friedlich ist. Auch eine Vergesellschaftung mit ruhigen Minifischen ist auf jeden Fall möglich.

Aussehen: Farbwechsel wie ein Chamäleon von bräunlich bis leicht bläulich. Ein heller Strich ziert den Rücken der Garnele, außerdem sind sieben Querbänder vorhanden.
Größe: 2,5 cm
Verbreitung: Malaysia
Haltungsbedingungen: pH 6,0–8,0, Temperatur 21–27 °C

Caridina cf. *babaulti* var. „Stripes" ▪ Streifen-Zwerggarnele

Haltung: **einfach**

Foto: C. Logemann

Wenn in Ihrem Nano-Aquarium nicht allzu viel Nachwuchs produziert werden soll, empfehle ich Ihnen diese Zwerggarnele. Eine Vergesellschaftung z. B. mit Nano-Fischen ist problemlos möglich.

Aussehen/Geschlechtsunterschied: Unterschiedliche Farbvarianten von Grün über Braun mit schwarzen Streifen. Die Männchen erscheinen blasser.
Größe: 2,5 cm
Verbreitung: Indien
Haltungsbedingungen: pH 6,0–7,5, Temperatur 21–27 °C

Caridina cf. *breviata* var. „Hummel" ▪ Hummelgarnele

Haltung: **einfach**

Foto: H.-G. Evers

Die Hummelgarnele zeigt durch ihre schöne, schwarz-weiße Färbung, ihr friedliches Verhalten und die geringen Ansprüche an ihre Pflege, wie attraktiv und einfach es ist, Zwerggarnelen in einem Nano-Aquarium zu halten und zu züchten. Andere Tiere als Vergesellschaftung sind willkommen!

Aussehen/Geschlechtsunterschied: Schwarz-weiße Bänderung. Das Weibchen ist bulliger.
Größe: 3 cm
Verbreitung: Indien
Haltungsbedingungen: pH 6,0–8,0, Temperatur 20–27 °C

Caridina cf. *cantonensis* var. „Bee" ▪ Schwarz-weiße Bienengarnele

Haltung: **einfach**

Foto: H.-G. Evers

Auch hier spricht wie bei den meisten Zwerggarnelen-Arten nichts gegen eine Vergesellschaftung mit Minifischen. Diese Art ist sehr vermehrungsfreudig, und es sind bereits verschiedene Varianten mit unterschiedlicher Ausprägung der schwarz-weißen Zeichnung zu erhalten.

Aussehen/Geschlechtsunterschied: Männchen sind häufig schlanker und kleiner als die Weibchen. Intensiv schwarz-weiße Färbung.
Größe: 3 cm
Verbreitung: Ursprünglich aus China stammend, handelt es sich um eine Zuchtform aus Asien.
Haltungsbedingungen: pH 6,0–8,0, Temperatur 20–27 °C

Caridina cf. *cantonensis* var. „Crystal Red" ▪ Rote Bienengarnele

Haltung: **einfach**

Foto: H.-G. Evers

Die Königin der Zwerggarnelen und die am häufigsten gehandelte Art. Sie ist wie die meisten Zwerggarnelen ein Allesfresser und sehr friedlich gegenüber anderen Bewohnern des Nano-Aquariums. Je nach Zuchtvariante schwankt der Weißanteil: Je mehr Weiß, desto begehrter.

Aussehen/Geschlechtsunterschied: Die Männchen sind kleiner und schlanker
Größe: 4 cm
Verbreitung: Hierbei handelt es sich um eine Zuchtform aus Japan, die Stammform ist die Bienengarnele aus China.
Haltungsbedingungen: pH 6,0–7,8, Temperatur 20–25 °C

Caridina cf. *cantonensis* var. „Tiger Blue" ▪ Blaue Tigergarnele

Haltung: **einfach**

Foto: H.-G. Evers

Wie die meisten Zwerggarnelenarten erreicht auch die Blaue Tigergarnele ein Alter von etwa zwei Jahren. Hierbei handelt es sich um eine echte „Anfängergarnele" und einen Augenschmaus für jeden Betrachter!

Aussehen/Geschlechtsunterschied: Das Blau dieser Tiere ist schon einmalig. Schwarze Querstreifen zieren den Körper, die Weibchen sind etwas bulliger.
Größe: 3 cm
Verbreitung: Hierbei handelt es sich um eine Zuchtform der Tigergarnele aus Asien.
Haltungsbedingungen: pH 6,0–7,5, Temperatur 20–27 °C

Caridina gracilirostris ▪ Nashorngarnele

Haltung: **einfach**

Foto: H.-G. Evers

Das lang ausgezogene Rostrum (die „Nase") ist für diese Zwerggarnelenart charakteristisch. Durch den sehr schlanken Körperbau erlangt das Tier eine elegant anmutende, aber auch pfeilschnelle Schwimmweise im Nano-Aquarium. Die Larven entwickeln sich im Brack- bzw. Meerwasser.

Aussehen: Transparent, mit rotem Rostrum, rotem Längsstreifen und rotem Schwanz
Größe: 3,5 cm
Verbreitung: Indonesien
Haltungsbedingungen: pH 6,5–7,5, Temperatur 20–28 °C

Caridina multidentata ▪ Amanogarnele

Haltung: **einfach**

Diese Garnelenart vermehrt sich im Meerwasser und erhielt ihren bekanntesten deutschen Namen nach dem Experten für die Naturaquarien aus Japan, Takashi Amano, der schon vor Jahrzehnten die Tiere als fleißige Algenvertilger in seine Aquarien einsetzte. Tatsächlich darf man der Zwerggarnele nicht zu viel Futter bieten, dann dämmt diese sehr friedliche Art das Algenwachstum gut ein.

Aussehen: Transparent, mit Querstreifen
Größe: 5 cm
Verbreitung: Asien
Haltungsbedingungen: pH 6,0–8,0, Temperatur 18–27 °C

Caridina sp. ▪ Kardinalsgarnele

Haltung: **mittelschwer**

Foto: H.-G. Evers

Diese Zwerggarnele ist eine der schönsten und farbenprächtigsten Arten überhaupt. Sie ist noch nicht lange im Handel anzutreffen, und auch die Erfahrungen mit diesem Tier sind noch nicht sehr weit reichend. Die Vermehrung findet im Süßwasser statt, also trauen Sie sich, diese Garnele zu vermehren! Bei knapper Fütterung und erstklassiger Wasserqualität sollte dies gelingen.

Aussehen: Sehr schlank, farbenprächtig von Weinrot bis Lila, mit weißen Punkten auf dem Körper, weiße Scheren
Größe: 2 cm
Verbreitung: Sulawesi, Matano-See
Haltungsbedingungen: pH 7,5–8,5, Temperatur 26–32 °C

Neocaridina heteropoda var. „Red" ▪ Rote Zwerggarnele, „Red Fire", „Red Cherry"

Haltung: **einfach**

Foto: H.-G. Evers

Die auch Red Fire genannte Zwerggarnele trifft man häufig im Handel an. Sie vermehrt sich völlig unproblematisch. Die Garnele ist mit allen anderen Nano-Tieren gut zu vergesellschaften.

Aussehen/Geschlechtsunterschied: Farbwechsel von intensivem bis blassem Rot. Die Weibchen sind intensiver gefärbt und kräftiger als die Männchen.
Größe: 2,5 cm
Verbreitung: Taiwan
Haltungsbedingungen: pH 6,0–8,0, Temperatur 15–28 °C

Neocaridina heteropoda var. „Yellow" ▪ Gelbe Zwerggarnele

Haltung: **einfach**

Nach kurzer Eingewöhnungszeit in Ihrem Nano-Aquarium wird sich diese Zwerggarnele vermehren. Die Aufzucht ist völlig unproblematisch und kann sogar mit den handelsüblichen Trockenfuttersorten vorgenommen werden.

Aussehen/Geschlechtsunterschied: Farbwechsel von Zitronen- bis Blassgelb, weißer Rückenstrich. Das Weibchen ist bulliger.
Größe: 3,5 cm
Verbreitung: Taiwan
Haltungsbedingungen: pH 6,0–8,0, Temperatur 16–28 °C

Neocaridina cf. *zhangjiajiensis* var. „White" ▪ Weiße Zwerggarnele, „White Pearl"

Haltung: **einfach**

Foto: H.-G. Evers

Diese Zwerggarnele ist eine der schönsten und farbenprächtigsten Arten überhaupt. Sie ist noch nicht lange im Handel anzutreffen, und auch die Erfahrungen mit diesem Tier sind noch nicht sehr weit reichend. Die Vermehrung findet im Süßwasser statt, also trauen Sie sich, diese Garnele zu vermehren! Bei knapper Fütterung und erstklassiger Wasserqualität sollte dies gelingen.

Aussehen: Sehr schlank, farbenprächtig von Weinrot bis Lila, mit weißen Punkten auf dem Körper, weiße Scheren
Größe: 2 cm
Verbreitung: Sulawesi, Matano-See
Haltungsbedingungen: pH 7,5–8,5, Temperatur 26–32 °C

Potimirim cf. *potimirim* ▪ Minifächergarnele

Haltung: **mittelschwer**

Foto: C. Lukhaup

Bei der Minifächergarnele handelt es sich um eine noch nicht gut erforschte Art aus Südamerika. Die ersten Schreitbeinpaare sind mit Borsten besetzt. Die Tiere filtrieren nicht nur Nahrungspartikel. Sorgen Sie trotzdem für Strömung im nicht zu kleinen Nano-Aquarium.

Aussehen: Unscheinbar, braun bis beige
Größe: 1,5–3 cm, damit wesentlich kleiner als die meisten Fächergarnelen der Gattungen *Atya* oder *Micratya*, die nicht für die Nano-Aquaristik geeignet sind
Verbreitung: Brasilien
Haltungsbedingungen: pH 6,5–8,5, Temperatur 18–28 °C
Fütterung: Nur feinstes Trockenfutter und sehr kleine Futtertiere, am besten frei schwimmend

Krebse

Krebse können Sie einzeln oder als Paar halten. Mit mehr Individuen gibt es häufig Streitigkeiten. Nicht alle Arten können mit Nano-Fischen vergesellschaftet werden. Und gestalten Sie Ihr Krebs-Nano-Aquarium immer ausbruchsicher! Wagen Sie sich an die Aufzucht dieser Tiere, sind wie auch bei Garnelen häufige Teilwasserwechsel unabdingbar. Dabei ist der Mulm vom Bodengrund nicht immer zu entfernen. Alle lassen sich mit Trockenfutter und gefrosteten oder lebenden Futtertieren ernähren.

Foto: H.-G. Evers

Cambarellus diminutus ▪ Kleinster Zwergkrebs

Haltung: **einfach**

Foto: C. Luhkaup

Das Nano-Aquarium für den Zwergflusskrebs sollte eine Kantenlänge ab 60 cm aufweisen, ein Pärchen kann allerdings auch in einem 30-l-Aquarium erfolgreich gehalten werden. Teilwasserwechsel mindestens einmal wöchentlich sind ein Muss! Dichte Moose und Steinaufbauten schaffen ein „behagliches" Klima für die Tiere.

Aussehen: Als braun marmorierter Krebs erscheint er doch eher unauffällig.
Größe: 2,5 cm
Verbreitung: USA
Haltungsbedingungen: pH 7,5–8,5, Temperatur 15–25 °C

Cambarellus patzcuarensis var. „Orange" ▪ Orangefarbener Zwergflusskrebs

Haltung: **einfach**

Foto: H.-G. Evers

Dieser Zwergflusskrebs stellt keine großen Ansprüche an die Einrichtung unter Wasser, lediglich Versteckmöglichkeiten in Form von Höhlen müssen vorhanden sein. Zu anderen Tieren ist er absolut friedfertig.

Aussehen: Orange Grundfarbe, häufig blau schimmernde Augen
Größe: 4 cm
Verbreitung: Mexiko
Haltungsbedingungen: pH 6,5–8,5, Temperatur 15–25 °C

Cambarellus puer ▪ Knabenkrebs

Haltung: **einfach**

Foto: H.-G. Evers

Diese Krebsart ist „pflanzenfreundlich" und auch mit Fischen zu vergesellschaften. Dennoch sollten Sie kein zu kleines Nano-Aquarium wählen, das außerdem reichlich Versteckmöglichkeiten durch Höhlen bieten muss.

Geschlechtsunterschied: Das Weibchen ist größer als das Männchen.
Größe: 3–4 cm
Verbreitung: Nordamerika
Haltungsbedingungen: pH 7,0–8,5, Temperatur 10–25 °C

Schnecken

Nicht nur die grau-beige Arten finden Ihre Heimat im Aquarium, sondern auch sehr farbenfrohe und außergewöhnliche Wuchsformen der Wasserschnecken werden schon längst von Aquarianern mit Nano-Fischen oder Zwerggarnelen vergesellschaftet. Manchmal spielen Sie nur eine Nebenrolle im gesamten System. Dennoch erfüllen Sie wichtige Aufgaben: Sie vertilgen Futterreste, durchwühlen den Boden und befreien häufig die Glasscheiben von Grünalgen.

Zur Vermehrung benötigen einige Schneckenarten Brack- oder Meerwasser, sodass man in diesen Fällen keine Bedenken haben muss, dass sich die Tiere im reinen Süßwasser-Aquarium einmal zu stark vermehren. Wenn Sie ein Nano-Aquarium pflegen, das nicht so einfach zugänglich ist bzw. das auch sehr viele feinfiedrige Pflanzen enthält, empfehle ich Ihnen die Geweihschnecke (*Clithon* sp.).

Der Kauf eines Scheibenreinigers erübrigt sich, wenn diese Tiere im Aquarium leben. Fressfeinde der Schnecken sind Krebse, Kugelfische und Schmerlen. Wenn Sie also beabsichtigen, die Schnecken länger zu pflegen, sollten Sie die genannten Tiere nicht mit Schnecken vergesellschaften.

Gefüttert werden die Schnecken mit (überwiegend pflanzlichem) Trockenfutter und Frostfutter.

Foto: H.-G. Evers

Ampullariidae ▪ Apfelschnecken — Haltung: **einfach**

Fotos: H. G. Evers

Die Familie der Apfelschnecken (Ampullariidae) umfasst sehr farbenfrohe Vertreter, die häufig auch in Mega-Aquarien gehalten werden. Diese Schnecken besitzen sowohl Kiemen als auch Lungen, weil sie mit Trockenperioden wie auch mit extremer Feuchte in ihrem natürlichen Lebensraum zurechtkommen müssen. Sie müssen Ihr Nano-Aquarium abdecken, weil die Tiere ihre Eigelege oberhalb der Wasseroberfläche deponieren. Apfelschnecken zählen nicht unbedingt zu den harmlosesten Schneckenvertretern und können anderen kleinen Tieren gegenüber dominant sein.

Aussehen: Von Albinos über gelbe bis goldene und blaue Exemplare in allen Farbnuancen
Größe: 6,5 cm
Verbreitung: Die Stammformen kommen aus Südamerika und Asien.
Haltungsbedingungen: pH 6,5–8,5, Temperatur 20–30 °C

Anentome helena ▪ Raubschnecke

Haltung: **einfach**

Sie haben ein Schneckenproblem? Keine Panik, setzen Sie doch die Raubschnecke ein! Innerhalb kurzer Zeit werden die kleinen Schnecken vertilgt. Doch denken Sie an die Ursachenforschung. Wieso hatten Sie eine Schneckenplage? Zu viel gefüttert? Aber auch ohne ihren Einsatz als Schneckenfresser im Hinterkopf zu haben, ist diese Art natürlich ein Hingucker!

Aussehen: Das Gehäuse ist beige und braun-schwarz geringelt.
Größe: 2,5 cm
Verbreitung: Thailand
Haltungsbedingungen: pH 6,0–8,0, Temperatur 22–26 °C

***Clithon* sp.** ▪ Geweihschnecke

Haltung: **einfach**

Die doch sehr bizarre Form des Gehäuses hebt sich schon sehr ab! Mit dieser Schneckenart erhalten Sie nicht nur klare Glasscheiben und damit eine gute Sicht in Ihren Nano-Kosmos, sondern auch gereinigte technische Gerätschaften. Die Geweihschnecke gehört in jedes Nano-Aquarium! Zur Aufzucht wird Brackwasser benötigt.

Aussehen: Variabel beige bis braune Färbung
Größe: 2 cm
Verbreitung: Kosmopolit
Haltungsbedingungen: pH 6,0–8,0, Temperatur 20–28 °C

Physella acuta ▪ Spitze Blasenschnecke

Haltung: **einfach**

Diese Art schleppt man sich leicht mit Wasserpflanzen ein. Das ist aber nicht schlimm, weil sie ein guter Algenvertilger ist und sich in der Regel auch nicht zu stark vermehrt. Sie „rennt“ mit Höchstgeschwindigkeit häufig an der Glasscheibe entlang und kann auch unter der Wasseroberfläche weiterkriechen.

Aussehen: Perlmuttfarbenes, manchmal dunkel gepunktetes Gehäuse
Größe: 0,5–1,2 cm
Verbreitung: Europa
Haltungsbedingungen: pH 6,0–8,0, Temperatur 0–26 °C

Planorbarius corneus var. „Red" ▪ Rote Posthornschnecke

Haltung: **einfach**

Foto: H.-G. Evers

Posthornschnecken sind auf der ganzen Welt verbreitet, es gibt sie in unterschiedlichen Farben. Die einheimischen Arten können sogar im Gartenteich überwintern, nicht jedoch die Rote Posthornschnecke.

Aussehen: Rötliche bis braune Färbung
Größe: 2,5 cm
Verbreitung: Kosmopolit
Haltungsbedingungen: pH 6,0–8,0, Temperatur 5–30 °C

Tylomelania patriarchalis var. „Orange" ▪ Perlhuhnschnecke

Haltung: **mittelschwer**

Foto: H.-G. Evers

Die Perlhuhnschnecke stammt aus einem speziellen Habitat, das man in einem Nano-Aquarium nicht ganz einfach nachstellen kann. Der pH-Wert liegt im sehr alkalischen Bereich, und die Tiere sind stetig hohe Wassertemperaturen gewöhnt. Gut vergesellschaften kann man sie mit Tieren aus demselben Lebensraum wie z. B. mit der Kardinalsgarnele. Sie benötigen ein etwas größeres Aquarium.
Aussehen: Dunkelbraunes Gehäuse, zur Spitze hin hellgrau, weiße und gelbe Punkte zieren das Gehäuse, orangefarbener bis gelber Körper
Größe: bis 10 cm
Verbreitung: Sulawesi, Malili-Seen
Haltungsbedingungen: pH 7,9–8,5, Temperatur 26–30 °C

Vittina coromandeliana ▪ Zebra-Rennschnecke

Haltung: **einfach**

Fotos: H.-G. Evers

Die Jungen dieser Schnecke entwickeln sich nur im Meerwasser. Dennoch legen die Tiere sehr gerne ihre kleinen, weißen Eier überall im Nano-Aquarium ab, z. B. auf Holz oder Steinen. Man sollte die Gelege regelmäßig entfernen. Das Nano-Aquarium muss abgedeckt werden, da die Tiere gerne Ausbruchsversuche unternehmen.

Aussehen: Braun-schwarz gestreiftes Gehäuse, unterschiedliche Farbmuster
Größe: 3 cm
Verbreitung: Südostasien, Afrika
Haltungsbedingungen: pH 7, Temperatur 22–26 °C

Artenvielfalt der Pflanzen

Pflanzen nehmen in einem Nano-Aquarium keine Nebenrolle ein, sondern sind ganz wichtiger Bestandteil des kleinen Ökosystems. Sie bieten Tieren einen naturnahen Lebensraum, sind Sauerstoffspender und Wasserklärer, Versteckmöglichkeit für ängstliche Tiere, Laichablageplatz oder Futterstätte mit Kleinstlebewesen und haben obendrein natürlich eine wunderschönen Deko-Charakter!

Wählen Sie klein- und eher langsamwüchsige Arten für den Vordergrund aus und größer- bzw. auch schnellwüchsige für den Mittel- und Hintergrund. Achten Sie beim Einsatz der Pflanzen darauf, dass sie gut erreichbar und somit einfach zu pflegen sind.

Foto: H.-G. Evers

Aegagropila linnaei ▪ Mooskugel

Haltung: **einfach**

Foto: H.-G. Evers

In der Natur erhält die Mooskugel ihre Form durch die Wasserströmung. Dadurch wird die Alge hin und her geschwenkt, sodass sie kugelig wird. Mooskugeln wachsen im Aquarium sehr langsam.

Aussehen: „Moosige“ Algenkugel, oft innen hohl
Durchmesser: 3–10 cm
Verbreitung: Mittel- und Osteuropa, Asien
Haltungsbedingungen: pH 5,6–8, Temperatur 8–29 °C
Beleuchtung: mittelstark bis stark
Möglicher Einsatz: Minifische und Garnelen weiden die Kugeln nach Nahrung ab. Die Kugel kann aufgeschnitten und über Steine oder Holz gestülpt werden.

Alternathera reineckii „lilacina“ ▪ Burgunderrotes Papageienblatt

Haltung: **einfach**

Foto: H.-G. Evers

Diese Pflanze können Sie während der Sommermonate in Ihrem Teich kultivieren. Die Pflanze ist sehr anspruchslos, ihr Charakteristikum sind die braun-roten Blätter.

Aussehen: Farbenprächtige Stängelpflanze
Wuchshöhe: 15–40 cm
Verbreitung: Südamerika
Haltungsbedingungen: pH 5,5–7,5, Temperatur 17–28 °C
Beleuchtung: stark mit mittelstark
Möglicher Einsatz: Hintergrundbepflanzung, farbliche Bereicherung

Anubias barteri var. *nana* „Bonsai“ ▪ Kleines Zwergspeerblatt

Haltung: **einfach**

Foto: H.-G. Evers

Das langsame Wachstum führt ab und an dazu, dass die Blätter von Algen wie Pinselalgen besiedelt werden. Die *Anubias*-Art mit der zusätzlichen Bezeichnung „Bonsai“ ist für Ihr Nano-Aquarium ideal.

Aussehen: Kleine, langsamwüchsige Pflanze mit dunkelgrünen, festen Blättern. Der Wurzelstock liegt außerhalb des Bodengrundes.
Wuchshöhe: 3–5 cm
Verbreitung: Die Wildform stammt aus Afrika
Haltungsbedingungen: pH 5,5–9, Temperatur 21–28 °C
Beleuchtung: sehr gering bis mittelstark
Möglicher Einsatz: Aufsitzerpflanze für Steine oder Holz

Azolla filiculoides ▪ Schwimmfarn

Haltung: **einfach**

Diese Schwimmpflanze enthält Blaualgen (Cyanobakterien) in ihren Blättern und ist somit außergewöhnlich, weil sie Luftstickstoff binden kann.

Aussehen: Als Schwimmpflanze Polster bildend. Mattgrüne Blätter, die dachziegelartig übereinander liegen.
Wuchshöhe: 1–2 cm
Verbreitung: Amerika
Haltungsbedingungen: pH 6–8, Temperatur 5–28 °C
Beleuchtung: mittelstark bis stark
Möglicher Einsatz: Zur Abdunklung bei lichtempfindlichen Tieren, zur Verbesserung der Wasserqualität, als Versteckplatz für Garnelen und Minifische

Bacopa australis ▪ Kleines Fettblatt

Haltung: **einfach**

Das Aussehen der Pflanze erinnert an das in der Nano-Aquaristik häufig eingesetzte Perlenkraut. Das Kleine Fettblatt ist aber einfacher zu pflegen.

Aussehen: Buschige, intensiv grüne Stängelpflanze
Wuchshöhe: 7–30 cm
Verbreitung: Südamerika
Haltungsbedingungen: pH 6–8, Temperatur 15–32 °C
Beleuchtung: gering bis stark
Möglicher Einsatz: Für den Vorder- oder Mittelgrund, als Bodendecker

Cabomba aquatica ▪ Wasserhaarnixe

Haltung: **einfach**

Diese Pflanze produziert mit Ihren feinfiedrigen Blättern sehr viel Sauerstoff und nimmt Nährstoffe aus dem Wasser auf. Zu wenig Licht im Nano-Aquarium führt dazu, dass sie zerfällt.

Aussehen: Stängelpflanze mit feinen, nadelförmigen Blättern
Wuchshöhe: 30–80 cm
Verbreitung: Mittelamerika
Haltungsbedingungen: pH 5–7,5, Temperatur 18–28 °C
Beleuchtung: mittelmäßig bis stark
Möglicher Einsatz: Als Hintergrundbepflanzung. Die Pflanze kann auch zur Vorbeugung gegen Algen eingesetzt werden, da sie sehr schnellwüchsig ist. Sie bietet überdies Ansiedlungsfläche für Mikroorganismen und Einzeller als Nahrungsquelle für Garnelen sowie Versteckmöglichkeit für Fische.

Ceratophyllum demersum ▪ Raues Hornkraut — Haltung: einfach

Foto: H.-G. Evers

Hierbei handelt es sich um eine sehr schnellwüchsige Pflanze, die Ihnen sowohl zur Neueinrichtung als auch bei anfänglichen Algenproblemen sehr viel nützt. Sie entzieht dem Wasser durch ihr schnelles Wachstum in kurzer Zeit viele Nährstoffe wie Nitrat oder Phosphat, die den Algen dann nicht zur Verfügung stehen. Das Hornkraut ist auch als Schwimmpflanze sehr beliebt.

Aussehen: Stängelpflanze ohne Wurzeln, mit feinen Blattquirlen
Wuchshöhe: 5–80 cm
Verbreitung: weltweit
Haltungsbedingungen: pH 6–9, Temperatur 10–28 °C
Beleuchtung: mittelstark bis stark
Möglicher Einsatz: siehe *Cabomba aquatica*

Cryptocoryne walkeri ▪ Walkers Wasserkelch — Haltung: einfach

Foto: H.-G. Evers

Hierbei handelt es sich um die kleinste Cryptocorynen-Art. Sie reagiert nicht sehr empfindlich auf das Umsetzen von der Verkaufsanlage in das heimische Nano-Aquarium.

Aussehen: Schmale Blätter, die ein wenig nach unten gebogen sind
Wuchshöhe: 5–15 cm
Verbreitung: Sri Lanka
Haltungsbedingungen: pH 5,5–8, Temperatur 20–28 °C
Beleuchtung: mittelstark bis stark
Möglicher Einsatz: Als wenig dichte Vorder- oder Mittelgrundpflanze

Echinodorus tenellus ▪ Grasartige Zwergschwertpflanze — Haltung: einfach

Foto: H.-G. Evers

Am besten wird die Pflanze mit einer feinen Pinzette in den Bodengrund eingesetzt. Sie sollte nicht durch andere Pflanzen beschattet werden.

Aussehen: Bei intensiver Beleuchtung bildet diese Pflanze durch seitliche Ausläufer eine Art „Rasen“.
Verbreitung: Amerika
Wuchshöhe: 5–10 cm
Haltungsbedingungen: pH 5,5–8, Temperatur 18–30 °C
Beleuchtung: mittelmäßig bis stark
Möglicher Einsatz: Als Vordergrundbepflanzung und Bodendecker für feinen Kies

Egeria densa ▪ Dichtblättrige Wasserpest

Haltung: **einfach**

Bei dieser Pflanze handelt es sich um einen sehr guten Sauerstoffspender. Sie hemmt durch ihr schnelles Wachstum von Anfang an das Aufkommen von Algen. Diese Wasserpest müssen Sie häufig kürzen, da sie innerhalb einer Woche mindestens 10 cm an Längenwachstum zulegen kann. Die Kopfstecklinge können jederzeit wieder in den Bodengrund eingesetzt werden, so erhält man nach kurzer Zeit mit nur einer Pflanze im Nano-Aquarium eine dichte, grüne Wand.

Aussehen: Sattgrüne Stängelpflanze mit Blattquirlen
Wuchshöhe: 40–100 cm
Verbreitung: weltweit
Haltungsbedingungen: pH 5–9, Temperatur: 10–28 °C
Beleuchtung: mittelstark bis stark
Möglicher Einsatz: siehe *Cabomba aquatica*

Eleocharis parvula ▪ Kleine Sumpfbinse

Haltung: **einfach**

Foto: H.-G. Evers

Wenn Sie die Pflanze vereinzeln, bildet sie sehr schnell einen Teppich im Vordergrund Ihres Nano-Aquariums aus.

Aussehen: Feine, grasartige Polster, Vermehrung durch seitliche Ausläufer
Wuchshöhe: 3–10 cm
Verbreitung: weltweit
Haltungsbedingungen: pH 5,5–8, Temperatur 13–27 °C
Beleuchtung: mittelstark bis stark
Möglicher Einsatzorte: Vordergrundpflanze, bildet dichten „Rasen". Die Pflanze bietet Ansiedlungsfläche für Mikroorganismen und Einzeller als Nahrungsquelle für Garnelen sowie Versteckmöglichkeiten für Fische.

Eriocaulon setaceum ▪ Graskraut

Haltung: **schwierig**

Wenn Sie Wert auf eine Unterwasserlandschaft legen, wie sie für sog. holländische Aquarien üblich ist, müssen Sie diese Pflanze einsetzen. Ihr exotisches Aussehen bringt das gewisse Etwas in Ihre Nano-Welt.

Aussehen: Feinfiedrige, zierliche Stängelpflanze, über Kopfstecklinge zu vermehren
Wuchshöhe: 10–20 cm
Verbreitung: Australien, Südostasien
Haltungsbedingungen: pH 5,5–7, Temperatur 18–28 °C
Beleuchtung: stark
Möglicher Einsatz: Grüne Akzente für den mittleren Bereich und den Hintergrund. Die Pflanze bietet Ansiedlungsfläche für Mikroorganismen und Einzeller als Nahrungsquelle für Garnelen.

Fissidens fontanus ▪ Quell-Gabelzahnmoos

Haltung: **schwierig**

Dieses Moos ist inzwischen ein Kosmopolit, es findet sich in vielen Fließgewässern und hat sich als sehr attraktive Aquarienpflanze gemausert.

Aussehen: Längliche oder sehr feine Triebe
Wuchshöhe: 3–5 cm
Verbreitung: Asien
Haltungsbedingungen: pH 6–7,5, Temperatur 17–26 °C
Beleuchtung: mittelstark bis stark
Möglicher Einsatz: Sitzt mit Haftwurzeln auf Holz oder Stein und bietet Ansiedlungsfläche für Mikroorganismen und Einzeller als Nahrungsquelle für Garnelen sowie Versteckmöglichkeiten für Fische.

Glossostigma elatinoides ▪ Australisches Zungenblatt

Haltung: **schwierig**

Foto: H.-G. Evers

Diese Pflanze galt lange Zeit als die kleinste Aquarienpflanze und wird gerne zur Gestaltung asiatischer Aquarien eingesetzt. Wenn Sie die gekauften Pflanzentöpfe teilen und einzelne Büschel im Abstand von einigen Zentimetern in den Bodengrund einsetzen, erhalten Sie bei intensiver Beleuchtung schnell ein dichtes Polster.
Aussehen: Niedrig und sehr dicht wachsende, kleinblättrige Pflanze
Wuchshöhe: 2–3 cm
Verbreitung: Australien, Neuseeland
Haltungsbedingungen: pH 5,7–7,8, Temperatur 17–29 °C
Beleuchtung: stark
Mögliche Einsatzorte: Bedeckt wie ein Teppich den Bodengrund und bietet Ansiedlungsfläche für Mikroorganismen und Einzeller als Nahrungsquelle für Garnelen sowie Versteckmöglichkeiten für Fische.

Hemianthus callitrichoides „Cuba" ▪ Kuba-Zwergperlkraut

Haltung: **schwierig**

Foto: H.-G. Evers

Diese kriechende Pflanze kleidet häufig den Vordergrund in Natur-Aquarien aus und ist eine der kleinsten Aquarienpflanzen der Welt.
Aussehen: Bei starker Beleuchtung niedrig wachsender Teppich, nur einige Millimeter große Blätter
Wuchshöhe: 1–5 cm
Verbreitung: Kuba
Haltungsbedingungen: pH 5,3–7,8, Temperatur 19–29 °C
Beleuchtung: mittelstark
Möglicher Einsatz: Hauptbestandteil in „Amano-Aquarien". Teppichbildende Vordergrundpflanze, bietet Ansiedlungsfläche für Mikroorganismen und Einzeller als Nahrungsquelle für Garnelen sowie Versteckmöglichkeiten für Fische.

Hydrocotyle verticullata ▪ Amerikanischer Wassernabel

Haltung: **einfach**

Foto: H.-G. Evers

Wenn Sie die Pflanze vermehren möchten, sollten Sie die Nebensprosse abtrennen und in den Bodengrund einsetzen.

Aussehen: Auch als „Hutpilzpflanze“ bekannt, fällt sie durch die endständigen, einzelnen Blätter auf. Kriechender Wuchs.
Wuchshöhe: 15–25 cm
Verbreitung: Nord- und Mittelamerika
Haltungsbedingungen: pH 5–8, Temperatur 14–27 °C
Beleuchtung: mittelstark bis stark
Mögliche Einsatzorte: Als Vordergrundpflanze steht sie in Kontrast zu den kleinblättrigen Arten. Sie bietet Ansiedlungsfläche für Mikroorganismen und Einzeller als Nahrungsquelle für Garnelen sowie Versteckmöglichkeiten für Fische.

Hygrophila corymbosa „Kompakt“ ▪ Kurzstängeliger Wasserfreund

Haltung: **einfach**

Foto: H.-G. Evers

Durch seine dichte Beblätterung ist dieser Wasserfreund sehr gut für den hinteren Bereich im Nano-Aquarium geeignet und bildet einen idealen Kontrast zu den häufig sehr kleinblättrigen anderen Pflanzenarten.

Aussehen: Kompakte Wuchsform mit großen Blättern
Wuchshöhe: 15–30 cm
Verbreitung: Südostasien
Haltungsbedingungen: pH 6–8, Temperatur 22–28 °C
Beleuchtung: mittelstark bis stark
Möglicher Einsatz: siehe *Cabomba aquatica*

Lemna minor ▪ Wasserlinse

Haltung: **einfach**

Diese Pflanze, die auch als „Entengrütze“ aus heimischen Gartenteichen bekannt ist, vermehrt sich sehr schnell und kann sich zur Plage entwickeln, wenn die feinen Blätter nicht regelmäßig von der Wasseroberfläche abgesammelt werden. Nichtsdestoweniger ist sie ein sehr guter Nitrat- und Phosphatverwerter.

Aussehen: Rundliche bis ovale, sehr kleine Blätter
Wuchshöhe: 0,2 cm
Verbreitung: weltweit
Haltungsbedingungen: pH 5–9, Temperatur 10–28 °C
Beleuchtung: mittelstark bis stark
Möglicher Einsatz: Abdunkelung des Nano-Aquariums für lichtempfindliche Tiere, Entzug überschüssiger Nährstoffe

Lilaeopsis brasiliensis ▪ Graspflanze

Haltung: **schwierig**

Diese Pflanze sollten Sie nach dem Kauf teilen und in kleinen Büscheln einpflanzen. So erreichen Sie in kurzer Zeit einen dichten Rasen auf dem Bodengrund.

Aussehen: Durch seitliche Ausläufer verbreitet sich die grasartige Pflanze sehr schnell.
Wuchshöhe: 4–7 cm
Verbreitung: Südamerika
Haltungsbedingungen: pH 5,7–7,8, Temperatur 18–28 °C
Beleuchtung: stark
Möglicher Einsatz: Brackwassergeeignet. Vorder- oder Hintergrundpflanze, bildet dichten Rasen. Bietet Ansiedlungsfläche für Mikroorganismen und Einzeller als Nahrungsquelle für Garnelen sowie Versteckmöglichkeiten für Fische.

Limnobium laevigatum ▪ Kleiner Froschbiss

Haltung: **einfach**

Diese Pflanze eignet sich sehr gut zur Abdunkelung von Mini-Aquarien und ist durch die schnell wachsenden und weit verzweigten Wurzeln Laichablageplatz von Fischen.

Aussehen: Runde Blätter mit Schwimmkörper
Wuchshöhe: 1–5 cm
Herkunft: Südamerika
Haltungsbedingungen: pH 5–8, Temperatur 10–28 °C
Beleuchtung: mittelstark bis stark
Möglicher Einsatz: Abdunkelung des Nano-Aquariums für lichtempfindliche Tiere. Bietet auf den fein verzweigten Wurzeln Ansiedlungsfläche für Mikroorganismen und Einzeller als Nahrungsquelle für Garnelen sowie Versteckmöglichkeiten und Laichablageplätze für Fische.

Mayaca fluviatilis ▪ Grünes Mooskraut

Haltung: **einfach**

Hierbei handelt es sich um eine sehr robuste Pflanze mit feinen, nur einige Millimeter langen Blättern. Die Pflanze eignet sich sehr gut für den mittleren und hinteren Bereich in Ihrem Nano-Aquarium.
Aussehen: Stängelpflanze mit haarfeinen, sehr kurzen Blättchen
Wuchshöhe: bis 50 cm
Verbreitung: Südamerika
Haltungsbedingungen: pH 6,0–7,0, Temperatur 22–28 °C
Beleuchtung: mittelstark bis stark
Mögliche Einsatzorte: Dichte, sehr fein wirkende Hintergrundbepflanzung, bietet Ansiedlungsfläche für Mikroorganismen und Einzeller als Nahrungsquelle für Garnelen sowie Versteckmöglichkeiten für Fische

Monosolenium tenerum ▪ Hirschhorn-Lebermoos, „Pellia“ Haltung: einfach

Foto: H.-G. Evers

Die Pflanze benötigt nur wenige Tage bis zur Eingewöhnung in Ihrem Nano-Aquarium. Sauberes Wasser verhilft zur schnellen Ausbildung von Haftwurzeln.

Aussehen: Die Pflanze bildet Polster.
Wuchshöhe: bis 6 cm
Verbreitung: Asien
Haltungsbedingungen: pH 6–8, Temperatur 10–27 °C
Beleuchtung: gering bis mittelstark
Möglicher Einsatz: Auf dem Bodengrund als Eckenfüller, bietet Ansiedlungsfläche für Mikroorganismen und Einzeller als Nahrungsquelle für Garnelen sowie Versteckmöglichkeiten für Fische

Pogostemon helferi ▪ Gewelltblättriges Laichkraut Haltung: einfach

Foto: H.-G. Evers

In reich bepflanzten Nano-Aquarien sehr häufig anzutreffende Pflanzenart. Aufgrund ihrer Blattstruktur handelt es sich hierbei um eine sehr auffällige Pflanze: Die Blätter sind rosettenartig angeordnet. Bei schwachem Licht wächst sie sehr schnell Richtung Wasseroberfläche.

Aussehen: Sternförmige Pflanze mit gekräuselten Blättern, Vermehrung durch seitliche Ausläufer
Wuchshöhe: bis 10 cm
Verbreitung: Südostasien
Haltungsbedingungen: pH 6,2–8, Temperatur 19–28 °C
Beleuchtung: mittelmäßig bis stark
Mögliche Einsatzorte: Häufiger Bestandteil in asiatischen Naturaquarien als Vorder- oder Mittelgrundpflanze

Riccia fluitans ▪ Teichlebermoos Haltung: einfach

Foto: H.-G. Evers

Diese Pflanze wurde wohl von Takashi Amano erstmals submers gehalten und ist seitdem im Nano-Aquarium büschelweise auf dem Bodengrund oder auf Steinen und Holz vertreten. Unter sehr guten Bedingungen bilden sich Sauerstoffblasen auf den Triebspitzen.
Aussehen: Filigranes Aussehen durch feine Triebe
Wuchshöhe: ab 0,5 cm
Verbreitung: weltweit
Haltungsbedingungen: pH 5–8, Temperatur 12–28 °C
Beleuchtung: mittelstark bis stark
Möglicher Einsatz: Als Schwimmpflanze. Im Haarnetz auch Polster bildend auf dem Bodengrund zu befestigen. Ansiedlungsfläche für Mikroorganismen und Einzeller als Nahrungsquelle für Garnelen, Versteckmöglichkeit für Fische.

Rotala wallichii ▪ Rotes Mooskraut

Haltung: **schwierig**

Foto: H.-G. Evers

Mit üppiger CO_2-Zugabe erreicht die Pflanze ihre kräftige rote Farbe in den Sprossspitzen.

Aussehen: Feine und dichte, rote Blätter
Wuchshöhe: 10–30 cm
Verbreitung: Südostasien
Haltungsbedingungen: pH 5,5–7, Temperatur 20–28 °C
Beleuchtung: mittelstark bis stark
Möglicher Einsatz: Dichte, feine Hintergrundbepflanzung, kontrastreiche Einrichtung des Nano-Aquariums, Ansiedlungsfläche für Mikroorganismen und Einzeller als Nahrungsquelle für Garnelen sowie Versteckmöglichkeit für Fische

Sagittaria subulata ▪ Pfeilkraut

Haltung: **einfach**

Foto: H.-G. Evers

Setzen Sie die Büschel der Pflanze im Abstand von 2 cm in den Bodengrund. Diese Pflanze ist anspruchslos und wächst dicht.

Aussehen: Grasartige Pflanze mit breiteren Blättern, Vermehrung durch seitliche Ausläufer
Wuchshöhe: 5–30 cm
Verbreitung: Amerika
Haltungsbedingungen: pH 6,6–9, Temperatur 20–25 °C
Beleuchtung: mittelstark bis stark
Möglicher Einsatz: Aufgelockerte Vordergrund- und Mittelgrundpflanze

Taxiphyllum barbieri ▪ Java-Moos

Haltung: **einfach**

Foto: H.-G. Evers

Das Moos haftet an allen Pflanzen oder Dekomaterialien in Ihrem Nano-Aquarium, sogar an den Glasscheiben.

Aussehen: Unregelmäßige, lange Triebe
Wuchshöhe: ab 5 cm
Verbreitung: Asien
Haltungsbedingungen: pH 6–8, Temperatur 17–26 °C
Beleuchtung: schwach bis stark
Möglicher Einsatz: Bildet mit feinen Haftwurzeln Triebe an allen Flächen, und das schnellwüchsige Moos verdeckt bald technisches Equipment. Außerdem bietet es Ansiedlungsfläche für Mikroorganismen und Einzeller als Nahrungsquelle für Garnelen sowie Versteckmöglichkeiten für Fische.

Utricularia graminifolia ▪ Grasblättriger Wasserschlauch

Haltung: **schwierig**

Foto: H. G. Evers

Hierbei handelt es sich um eine klein bleibende, fleischfressende Vordergrundpflanze. Die sogenannten Fangblasen an den kleinen Blättern sind mit jeweils einer Klappe und Fühlborsten ausgestattet, die auf einen Berührungsreiz reagieren. Die Klappe wird nach innen gezogen, dadurch entsteht eine Sogwirkung, sodass kleine Beutetiere wie Wimperntierchen angesaugt werden.

Aussehen: Die frischgrünen Blätter bilden bei niedrigem pH schnell Polster auf dem Bodengrund.
Wuchshöhe: 2–5 cm
Verbreitung: Asien
Haltungsbedingungen: pH 6–7,5, Temperatur 16–28 °C
Beleuchtung: mittelstark
Mögliche Einsatzorte: Grasartige, Polster bildende Vordergrundpflanze, die sich durch seitliche Ausläufer sehr schnell ausbreitet

Vesicularia montagnei ▪ Weihnachtsbaum-Moos

Haltung: **schwierig**

Foto: H.-G. Evers

Das Moos benötigt einige Wochen zur Eingewöhnung in Ihrem Nano-Aquarium. Die nadelbaumartigen Triebe sind mit feinen Haftwurzeln ausgekleidet.

Aussehen: Tannenbaumartige Triebe, daher der deutsche Name
Wuchshöhe: bis 3 cm
Verbreitung: Asien
Haltungsbedingungen: pH 6–8, Temperatur 17–26 °C
Beleuchtung: mittelstark bis stark
Möglicher Einsatz: Ideal als Moosrückwand, sitzt mit Haftwurzeln auf Holz oder Lavastein und bietet Ansiedlungsfläche für Mikroorganismen und Einzeller als Nahrungsquelle für Garnelen sowie Versteckmöglichkeiten für Fische

Einrichtungsbeispiele

Lassen Sie sich inspirieren!

Im Folgenden finden Sie eingerichtete Nano-Süßwasseraquarien, die vielleicht Ihren zukünftigen eigenen ähneln. Da es sich hierbei teils um im Rahmen eines Wettbewerbs kurzfristig eingerichtete Becken handelt, sind noch keine Tiere zu erkennen. Die Aquarien erhielten von ihren Besitzern Namen und spiegeln die Hingabe für die Details wider.

Dieses Nano-Aquarium wurde von Paul Roder eingerichtet. Die Gestaltung mit den Steinen ist ein Kontrast zum sehr feinen Perlkraut im Vordergrund. Der Hintergrund wurde hier mit einer Folie gestaltet. Alternativ können großwüchsige Pflanzen wie das Mooskraut eingesetzt werden.
Foto: B. Kaufmann

Diese Nano-Welt wurde mit dem 3. Platz im Wettbewerb ausgezeichnet und trägt den Titel „Hawaiian sunset". Carsten Logemann schuf mit wenigen Pflanzenarten und den Felsbrocken einen ausgeglichenen Lebensraum für Nano-Tiere.
Foto: O. Deters

Cevin Höhlein setzte bewusst auf die mit Moos bewachsenen und etwas bizarr aussehenden Holzstücke. Sie reichen bis zur Wasseroberfläche und sind somit für die Beobachtung z. B. von Garnelen bei der Futtersuche gut geeignet.
Foto: O. Deters

Der Einrichter dieses Nano-Aquariums, Bernd Terletzki, legte Wert auf Plastizität und schuf somit schon fast ein kleines Paludarium.

Bodengrund, Steine und die Wurzel bilden hier farblich eine Einheit. Die Mitte des Aquariums ist schwer zugänglich, daher ist die Pflege des Bodengrundes nicht ganz einfach. Dennoch sticht das intensive Grün des Mooses ins Auge. Das Aquarium wurde

Die feinfiedrige Struktur des Mooses im Vordergrund fällt auf und ist sicher ein guter Platz zur Nahrungsaufnahme von Zwerggarnelen. Sebastian Klar trennte das Moos durch einen Stein von den großblättrigen Pflanzen. Somit vermischen sie sich nicht im Lauf ihres Wachstums.

Das Nano-Aquarium „Moments“ von Veronika Franke lässt einen innehalten. Auch auf dem Foto scheinen sich große Pflanzen im Hintergrund mit der Strömung im Wasser zu bewegen. Weil viele Pflanzenarten eingesetzt wurden, ist eine gute Abstimmung wichtig, um Harmonie zu erzeugen. Das ist hier sicher gelungen.
Foto: B. Kaufmann

Frank Logemann stellte in seinem Aquarium „A little red“ eine schon gewachsene und intensiv gepflegte Nano-Unterwasserlandschaft vor. Er belegte den 2. Platz im Wettbewerb und zeigte hiermit, dass eine gute Planung und die richtige Kombination von Bodengrund, Pflanzen und Dekomaterial das Herz eines jeden Beobachters höher schlagen lassen. In den drei Monaten der Wachstumsphase dienten Geweihschnecken als Algenvertilger.
Foto: B. Kaufmann

Auch ich nahm an dem Wettbewerb teil und richtete das Aquarium „Ein guter Tropfen“ während der Ausstellung ein. Das Teichlebermoos dient heute Gelben Zwerggarnelen als Versteck und Ansiedlungsfläche für Futterorganismen. In der Zwischenzeit ragt das Mooskraut im Hintergrund bis zur Wasseroberfläche. Der Untergrund besteht aus naturnahem Boden und feinem, schwarzem Kies.

Foto: B. Kaufmann

Daniel Meyer bedeckte den Bodengrund mit *Pogostemon helferi* und beschränkte sich hier auf einen üppigen Einsatz von Pflanzen. Schaut man näher hin, erkennt man Terrassen, die der Einrichtung räumliche Tiefe verleihen.

Foto: B. Kaufmann

Dieses Nano-Aquarium erhielt den Charakter eines Gebirgszuges. Das Moos auf den Steinen und das „wilde“ Wachstum von „Gräsern“ im

Aufgeklappte Mooskugeln sowie der Wasserkelch im Hintergrund und das Nixkraut (*Najas* sp.) bilden klare Linien und Lebensräume in der Nano-Welt. Chris Helemann dekorierte sehr sparsam und pflegeleicht.
Foto: B. Kaufmann

Viktor Mihai richtete sein Nano-Aquarium mit viel Liebe zum Detail ein. Die Kombination verschiedenförmiger Pflanzen ist ihm gut gelungen. Die Wurzel erscheint als knorriger Baum und kann nachträglich noch mit Moosen bestückt werden.
Foto: B. Kaufmann

Die Mini-Welt von Kaspar David Hack scheint von Pflanzen in allen Wasserschichten überwuchert zu sein. Der Einsatz des Kleinen Froschbisses an der Wasseroberfläche bietet den Tieren eine Rückzugsmöglichkeit und dämmt das Licht

Die Mitte des Aquariums ist hier auch das wahre Zentrum der Nano-Welt von Martin Semmler. Üblicherweise werden Blickfänger in den goldenen Schnitt gelegt, so erhält das Aquarium räumliche Tiefe. Gut kombiniert sind *Vallisneria nana* und das „Gras“ im Vordergrund und mittleren Bereich.
Foto: B. Kaufmann

Lassen Sie die Nano-Welt einfach auf sich wirken. Eventuell erinnert sie das Interieur an einen schönen Spaziergang, und Sie fühlen den weichen Untergrund mit jedem Schritt. Ja, ein Nano-Aquarium, hier ebenfalls von Martin Semmler, kann sehr entspannen.
Foto: B. Kaufmann

Danksagung

Zunächst möchte ich mich bei dem Natur und Tier - Verlag bedanken, der mir die Möglichkeit gab, mein gesamtes Know-how in einem spannenden Buch zusammenzustellen. Insbesondere bedanke ich mich bei Matthias Schmidt für seine Geduld. Weiterer Dank geht an die Lektoren Kriton Kunz und Hans-Georg Evers sowie an Letztgenannten für die Bereitstellung so vieler Bilder. Weitere gehen auf das Konto von Chris Lukhaup, Ingo Seidel, Jens Kühne, Maike Wilstermann-Hildebrand sowie Carsten und Frank Logemann. Das Aqua Haus in Dülmen unterstützte mich bei der Bereitstellung von Tieren und Pflanzen, und Fred Rosenau sei Dank ausgesprochen für die Tipps zu Futtertierzuchten. Durch meine Zusammenarbeit mit der Firma Tetra GmbH in den vergangenen Jahren konnte ich mein aquaristisches Wissen erweitern, ich bedanke mich bei Thomas Frejek für die kritische Auseinandersetzung mit meinem Manuskript.

Foto: H.-G. Evers

Literatur

Bücher:

Amano, T. (1998): Naturaquarien. Ihr Hobby. – bede-Verlag, Ruhmannsfelden, 80 S.

Baensch, H. & R. Riehl (1982–2004): Aquarienatlas Band 1-6. – Mergus, Melle, 6752 S.

Behrendt, A., F. Bitter, O. Knott & C. Lukhaup (2008): Nano-Fibel: Faszinierende Mini-Aquarien für Einsteiger. – Dähne Verlag, Ettlingen, 89 S.

Bork, D. & H. J. Mayland (1999): Seltene Schönheiten im Süßwasseraquarium. – Birgit Schmettkamp Verlag, Bornheim, 128 S.

Frahm, J. P. (2001): Biologie der Moose. – Springer-Verlag, Heidelberg, 357 S.

Greger, B. (1998): Pflanzen im Süßwasseraquarium. – Birgit Schmettkamp Verlag, Bornheim, 311 S.

Greger, B. (1995): Das Aquarium für den Anfänger. – Tetra Verlag, Melle, 184 S.

Gruner, H.-E. (2000): Klasse Crustacea – Krebstiere. – S. 331–531 in Füller, H., H.-E. Gruner, G. Hartwig & M. Moritz: Urania Tierreich Wirbellose Tiere 2. – Urania Verlag, Berlin

Haunreiter, I. (2000): Süßwasserschnecken im Aquarium. – bede-Verlag, Ruhmannsfelden, 79 S.

Hofstätter, C. W. (2007): Garnelen & Krebse. – Franckh-Kosmos, Stuttgart, 122 S.

Horst, K. & H. E. Kipper (1992): Das optimale Aquarium – Leitfaden zur Einrichtung und Pflege des Süßwasseraquariums. – Ad aquadocumenta Verlag, Bielefeld, 208 S.

Karge, A. & Klotz, W. (2008): Süßwassergarnelen aus aller Welt. – Dähne Verlag, Ettlingen, 216 S.

Kasselmann, C. (2006): Pflanzenaquarien gestalten. – Franckh-Kosmos, Stuttgart, 155 S.

Logemann, C. & F. Logemann (2007): Garnelen-Fibel. – Dähne Verlag, Ettlingen, 88 S.

Mayland, H. J. (1983): Was fressen Jungfische? – S. 27–35 in Mayland, H. J.: Aquarienfischzucht. – Albrecht Philler Verlag, Minden

Sander, M. (1998): Aquarientechnik im Süß- und Seewasser. – Ulmer, Stuttgart, 256 S.

Schreiber, G. & J. Schmidt (2000): Killifische. Faszination Aquarienfischzucht. – bede-Verlag, Ruhmannsfelden, 112 S.

Zeitschriften:

Arbeitskreis Wasserpflanzen im VDA (2008): Algen. – AquaPlanta (Sonderheft Nr. 4), 56 S.

Bitter, F. (2008): Tiger und Schnecken in Blau. – Aquaristik (5/2008): S. 70

Evers, H.-G. (2008): Wunderschöne Winzlinge – neue Garnelen aus Sulawesi. – Amazonas (Nr. 16 März/April 2008): S. 4–6

Evers, H.-G. (2008): Algenfresser. – Amazonas (Nr. 15 Januar/Februar 2008): S. 14–21

Fasching, T. (2008): Aquaristische Eindrücke aus dem hohen Norden. – aqua terra austria, Monatszeitschrift des österreichischen Verbandes für Vivaristik und Ökologie (November 2008): S.12–13

Körner, H.-J. (2009): Die Barat-Zwergrasbora-eine Farbvariante der Moskitorasbora. – Amazonas (Nr. 22 März/April 2009): S. 12–13

Vogt, D. (2008): Nano-Zwerge. – Aquaristik (5/2008): S. 12

Wawrzynski, R. (2008): Tümpeln ist ja so gesund... – Amazonas (Nr. 16 März/April 2008): S. 64–67

Zompro, O. (2008): Weichtiere im Süß- und Brackwasseraquarium. Teil I: Schnecken. – Arthropoda (Nr. 16(3) 2008): S. 54–63

Stichwortverzeichnis

A

B

C

D

E

F

G

H

I

J

K

L

M

N

O

P

Die 10 Gebote
für bepflanzte Gesellschaftsaquarien
Ein aquaristischer Schnellkurs
von Peter Schwindt

In diesem Buch werden Fehler aufgearbeitet, die bei der Pflege eines Gesellschaftsaquariums schnell unterlaufen können. Sie werden als Empfehlungen ins Positive gewendet und als hilfreiche „10 Gebote für bepflanzte Gesellschaftsaquarien“ in leicht verständlicher Form an den Leser weitergereicht.

64 Seiten, ISBN 978-3-86659-100-4

9,80 €

NTV
Natur und Tier - Verlag GmbH
An der Kleimannbrücke 39/41
D-48157 Münster
Tel.: 0251-13339-0
Fax: 0251-13339-33
E-Mail: verlag@ms-verlag.de
www.ms-verlag.de